手工DIY

主编◎龙磐　鲍焱　杨娟

经济管理出版社
ECONOMY & MANAGEMENT PUBLISHING HOUSE

图书在版编目（CIP）数据

手工/龙磐，鲍焱，杨娟主编．—北京：经济管理出版社，2015.3
ISBN 978-7-5096-3661-9

Ⅰ.①手…　Ⅱ.①龙…②鲍…③杨…　Ⅲ.①手工艺品—制作—中等专业学校—教材　Ⅳ.①TS973.5

中国版本图书馆CIP数据核字(2015)第050065号

组稿编辑：魏晨红
责任编辑：魏晨红
责任印制：黄章平
责任校对：雨　千

出版发行：经济管理出版社
（北京市海淀区北蜂窝8号中雅大厦A座11层　100038）
网　　址：www.E-mp.com.cn
电　　话：(010) 51915602
印　　刷：北京市海淀区唐家岭福利印刷厂
经　　销：新华书店
开　　本：880mm×1230mm/16
印　　张：9
字　　数：255千字
版　　次：2015年3月第1版　　2015年3月第1次印刷
书　　号：ISBN 978-7-5096-3661-9
定　　价：36.00元

作者简介

龙磐，美术教育专业，本科学历，安庆市美术家协会会员，先后获安徽省“教坛之星”、安庆市“模范教师”、校“骨干教师”称号。绘画作品《油画风景》在市教育局主办的“六一”师生书画摄影大展中获教师组一等奖；绘画作品《静物》发表于《安庆教研》；论文《让美灌溉心灵》发表于省级期刊《科学时代》。辅导学生参加全国及省市级竞赛多次获奖，在中国教育部举办的“全国第四届中小学生文艺展演活动”中获国家级二等奖，省级一等奖、三等奖。在安徽省第七届“党是阳光我是苗”书画大赛中获一、二、三等奖。在安庆市第八届中职学校技能大赛中获一、二等奖，本人获优秀指导教师奖。

鲍焱，美术教育专业，本科学历，安庆市美术家协会会员，先后获得安庆市“教坛新星”、安庆市第二届“中学美术学科骨干教师”、安徽省第一届“教坛之星”、安徽省第三届“教坛新星”称号；参加美术专业国家级培训获专业技能比赛一等奖和优秀班干部、参加安徽省黄梅戏进校园音乐教材的小学版和中学版的美术插图装帧设计；论文《浅谈幼师班的美术教学》发表在国家级刊物《职教论坛》上；辅导学生获省级“果蔬雕刻”技能大赛三等奖、安庆市《我的中国梦》书画大赛二、三等奖，优秀指导教师奖。

杨娟，美术教育专业，本科学历，文学学士学位，安庆市美术家协会会员。长期担任群众文化艺术专业课教学工作，校骨干教师，获校“优秀班主任”称号；个人作品《花卉》获市级教师组比赛一等奖；个人作品《花卉》、《翩翩》、《玉兰小鸟》发表于《安庆教研》；论文《专业课提高课堂效果的教改实验》获市级优秀论文一等奖、省级论文三等奖，《如何创设美术教学情境》获市级优秀论文二等奖；2014 年，带学生参加安庆市第十届中等职业技能绘画大赛，均获一等奖。

前　言

马克思说过，劳动不仅创造了美的自然界、美的生活和艺术，而且也创造出懂得艺术和能够欣赏美的大众。在某种意义上说，手工制作就是一个欣赏美、鉴别美、创造美的过程。

手工作品的制作是一种具有复杂结构的创造活动。从材料的选择到制作方法、步骤的确定，从动手制作到不断修改和完善的全过程，充满了创造精神；形象思维和逻辑思维的交融；在素质培养上有着其独特的优势，起着其他学科无法替代的作用。

手工制作是当前学前教育中重要的内容。学前儿童的手工教育活动与学前儿童的绘画教育一样，同属艺术创作范畴，是学前儿童美术教育不可缺少的组成部分。但在目前的学前教育中，手工制作活动的重要性没有得到很好的体现，教育者往往注重对幼儿的识字能力和数学能力的培养，因此压缩甚至取消了手工教育活动的时间，使手工制作活动在幼儿园中成了可有可无的兴趣活动，而且现有的手工活动也还存在着较多的问题。

在手工制作中，利用各种废旧材料，如易拉罐、雪碧瓶、泡沫塑料、三合板边角料等，变废为宝，制作成优美的工艺作品，这是富含教育意义的。它既是对资源的合理和充分运用，也可以增强环保意识。这是所有社会公民应该具备的素质。

本书共分为五个部分：纸艺、中国结、超轻粘土、百变小布头、废旧物品再利用。介绍了折纸的艺术、几种经典中国结的做法、超轻粘土的造型艺术和场景设计、小布头的趣味百变，还讲解了如何用废旧塑料瓶、报纸、蛋壳、乒乓球、吸管、纸杯等材料制作手工作品，进行艺术造型，不但可以培养学生的手工制作技能，而且寓教于制，可以增强学生的环保意识，提高学生的综合素质。

实践证明，手工制作能激发学生的创作兴趣，提高学生创造美的热情，培养学生的积极精神与坚定意志，在轻松自然中培养学生积极向上的性格。但是，由于科技不断发展，机器作为生产工具，已日益减少了人们的手工劳动，电子计算机也已逐步代替了人们的脑力劳动，键盘、鼠标、触屏成了人们手工劳动和脑力劳动的媒介。因此，加强手工制作教育，培养学生的劳动能力和审美意识，以提高学生欣赏美、鉴别美、创造美的水平。

鲍焱

2014 年 2 月

目　录

项目一　纸　艺

任务一　淘气的乌鸦与小鸟

《温暖》　李世钰

一、乌鸦的制作步骤

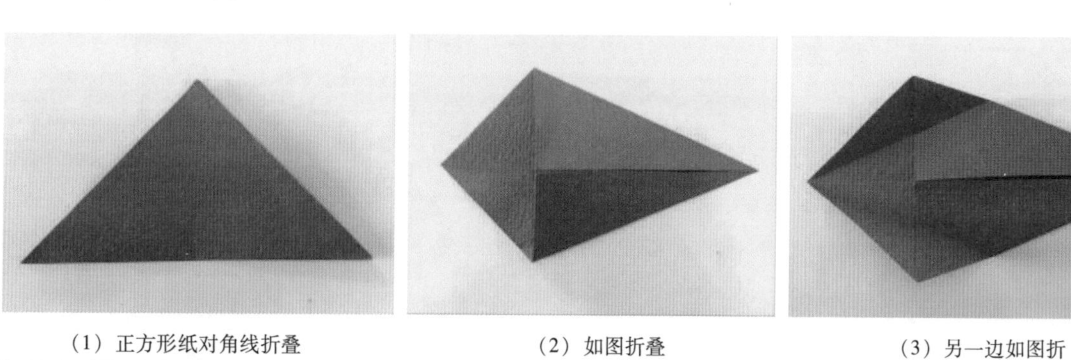

（1）正方形纸对角线折叠　　（2）如图折叠　　（3）另一边如图折

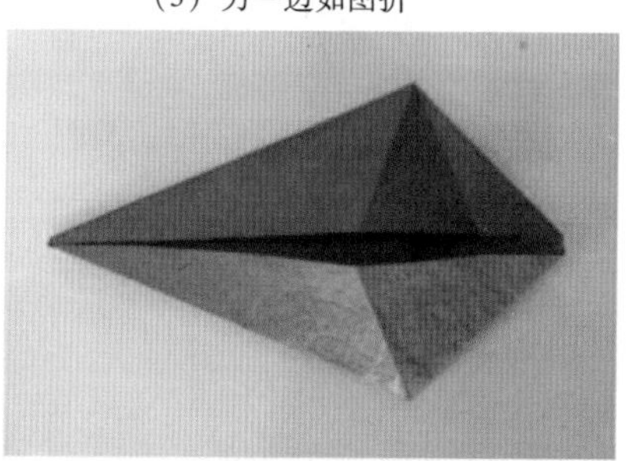

（4）上下对折　　（5）如图将右边纸角拉下　　（6）将两边的纸角都拉下

（7）翻到背面

（8）对折纸张

（9）将翅膀从里面拉出

（10）折出乌鸦的嘴巴

（11）将嘴巴的上半部分向右折

（12）再向左折

（13）用同样的方法折下面的嘴巴

（14）折好后如图

（15）将乌鸦撑开，拉动翅膀，乌鸦就可以动了

二、小鸟的制作步骤

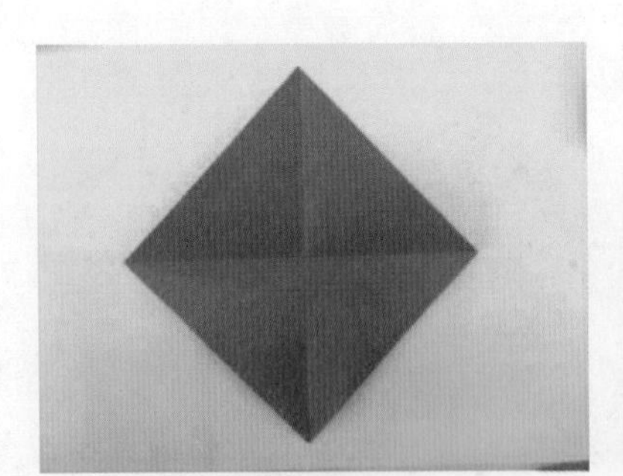

（1）如图折出对角线

（2）将四个角往中心折

（3）沿对角线如图折

（4）如图对折

（5）如图将鸟的嘴巴向右折叠出折痕

（6）用内侧中分法向中间压出嘴巴，成型

三、学生作品

《栖息》 徐小芳

《归巢》 储陈晨

《我们的家园》 方轩

任务二　折纸花卉

一、叶子的做法

（1）正方形纸对角线折

作者　赵俊

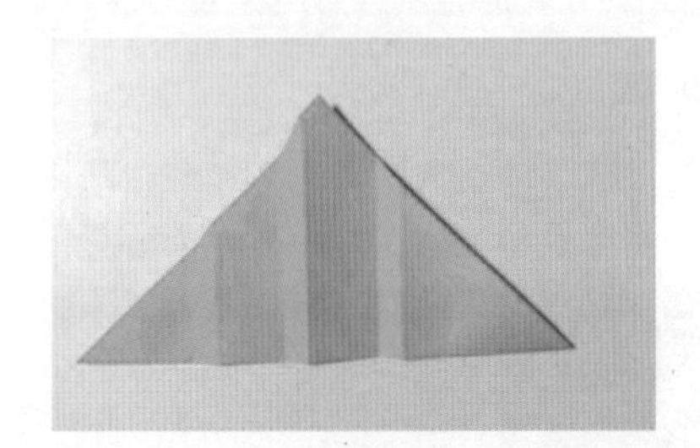

（2）如图段折

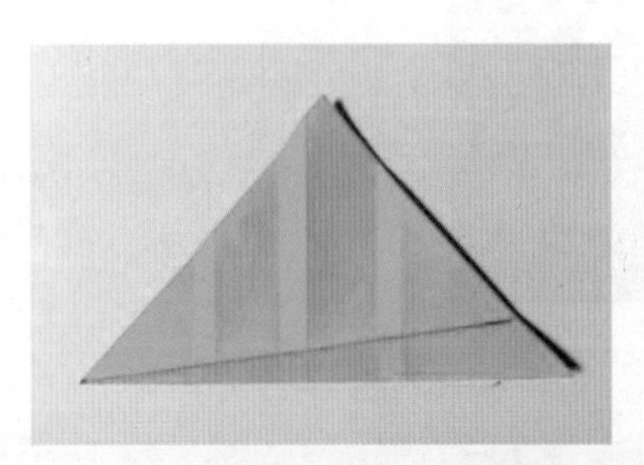

（3）按图中划线位置向上折叠

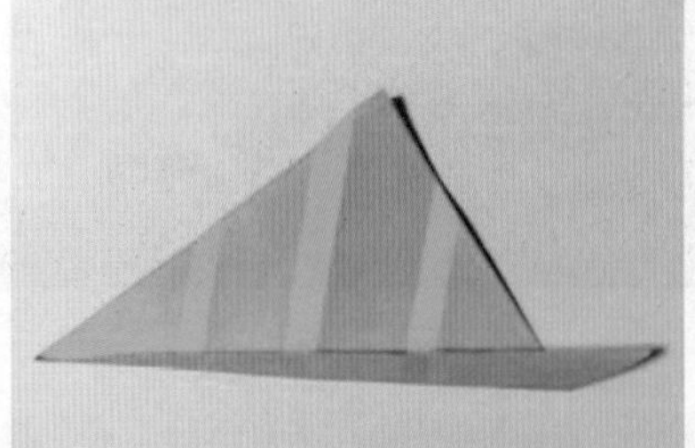

（4）折叠后如图

（5）打开纸张，折叠的一面放在背面

（6）在背面将纸角折起，调整叶子形态

（7）翻回正面，完成叶子造型

二、花朵的做法

按如图从左到右的顺序折叠纸张，完成花瓣

三、花卉粘贴画的制作步骤

（1）选择制作花卉的纸张颜色。
（2）选择底纸。
（3）如图粘贴成花。
（4）将叶子粘贴到花的底部。
（5）粘上做好的小动物。
（6）点缀背景，完成。

《花卉粘贴画》 徐小芳

《花卉粘贴画》 许静

任务三　迷你裙装与裤装

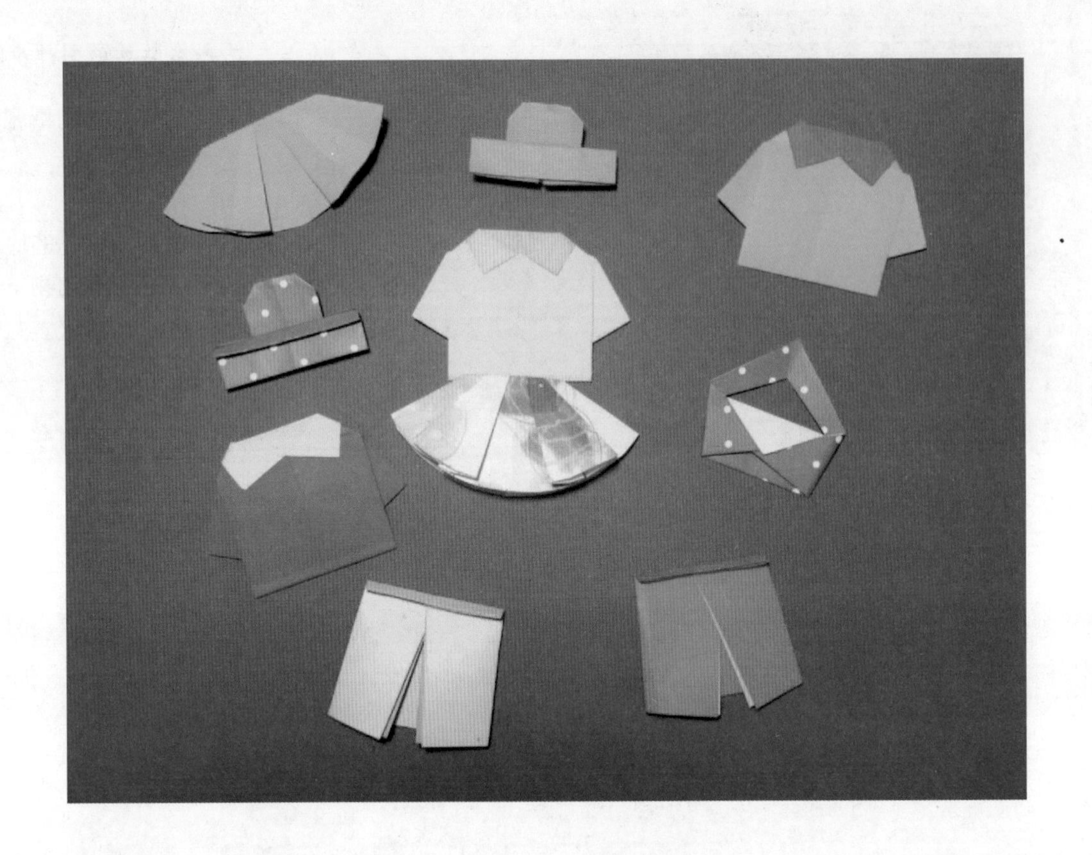

一、T恤的做法

（1）正方形纸往中间合折

（2）如图对折，下半部分比上半部分少0.5cm

（3）打开，上半部分如图打开翻折

（4）下端向后对折

（5）翻回到背面，折出领子

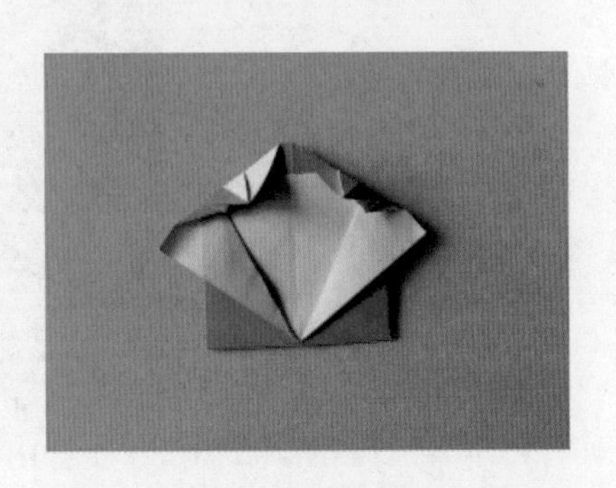

（6）左右两端向下折

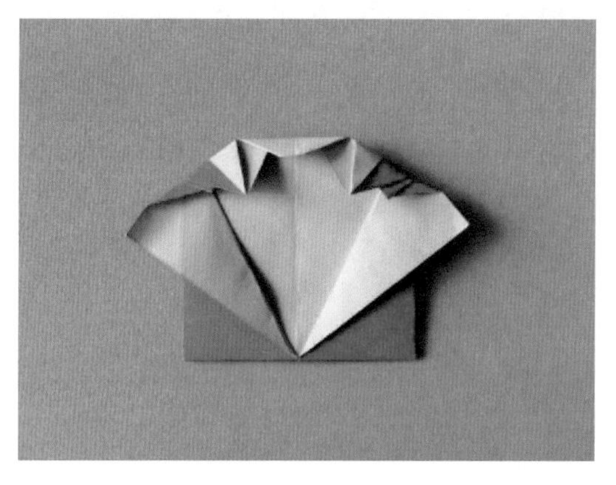

（7）中间向下折

（8）翻到正面，完成

二、裙裤的做法

（1）正方形纸对折后，
一边略短 0.5cm

（2）左右两侧稍错开后往中间对折

（3）最后将上端纸张往下折，完成

三、礼服套装的做法

红色礼服裙

（1）正方形纸往中间合折

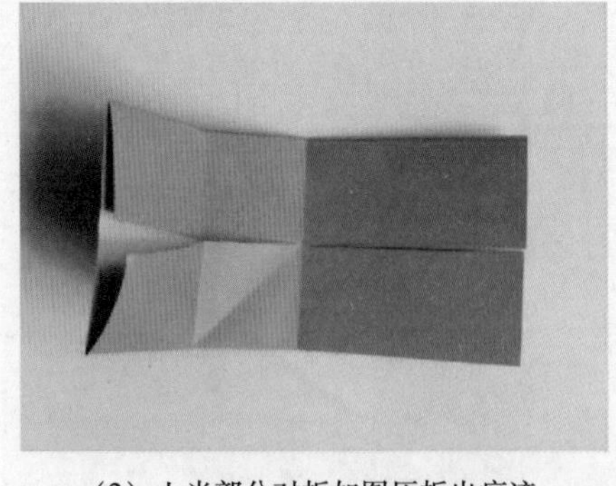

（2）上半部分对折如图压折出痕迹

（3）再按折痕压折

（4）沿中线向中间压

（5）使其呈此形状

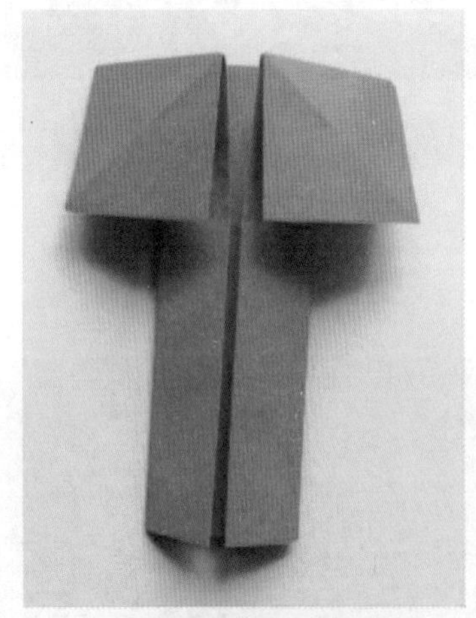

（6）将作品翻面，再如图将左右两侧往中间折合

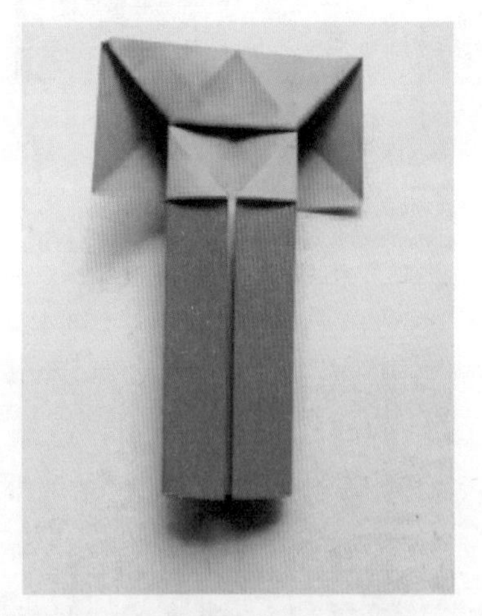

（7）翻到背面，拉开上端纸角

（8）背面如图折叠

（9）翻到正面，修饰袖子形状

（10）添加腰带，完成

四、绿色晚礼服的做法

（1）长方形纸上端往下折

（2）中间段折

（3）使其呈此形状

（4）翻到背面，如图折叠

（5）翻到正面，添加肩带，完成

五、绿色礼服帽的做法

(1) 长方形纸左右对折

(2) 再上下对折

(3) 纸的下端往上折

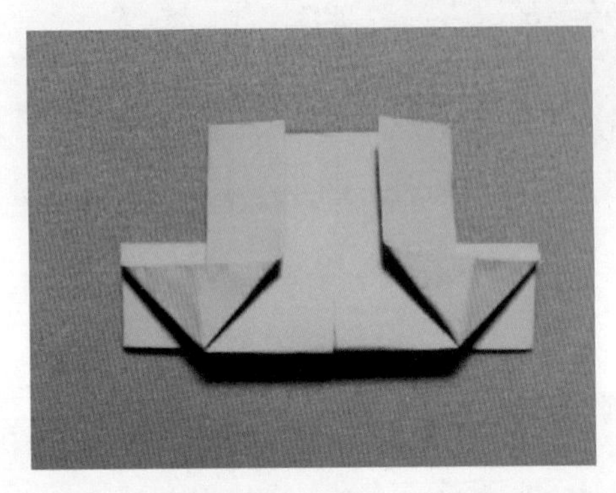

(4) 如图左右往中间折，推折成三角形时下端略空出一点

(5) 翻到背面，调整形状，将刚才空出部分向下折成礼帽帽檐上半部分，完成

六、绿色手提袋的做法

(1) 正方形纸对角线折

(2) 再左右对折

(3) 如图左边向上折

(4) 打开，左边向右折

(5) 右边向左折

(6) 如图剪开上面的三角形区域，完成

任务四 交通工具

《热闹的街道》

一、汽车基本形（长方形纸 15cm×7.5cm）

（1）长方形纸

（2）如图对折纸张

（3）再如图对折

（4）将上层纸向下翻折

（5）将纸翻到背面如图折痕

（6）再翻到另一面如图折

（7）如图压折

（8）左边同样压折

（9）折好后如图

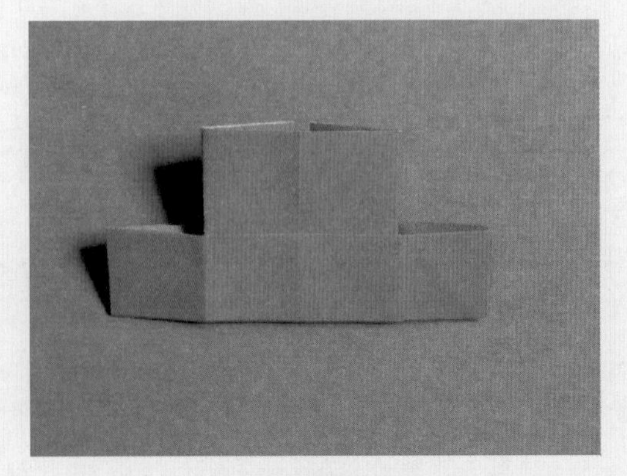

（10）翻到背面，完成

二、玫红汽车（长方形纸 15cm×7.5cm）

（1）前十步同汽车基本形

（2）剪出车轮粘贴到车身上

（3）用绿色纸剪出窗户并画出花纹粘到车身上，完成

三、粉红汽车（长方形纸 15cm×7.5cm）

（1）前七步同汽车基本形

（2）压折到这一步

（3）翻到背面，粘上车轮

（4）用玫红色纸剪出窗户粘上，完成

四、六轮旅游客车（正方形纸 15cm×15cm）

（1）正方形纸对折

（2）下端折起约 1/3

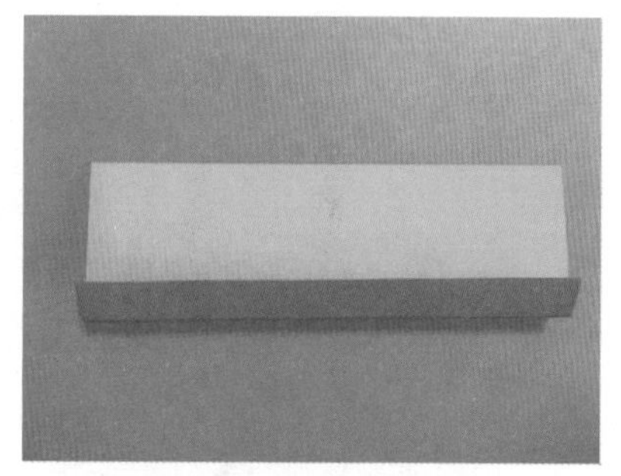

（3）将下端折起的部分再次往上对折

（4）左右两端往中间折，右边比左边略宽略折细些

（5）打开前后两端压折成如图形状

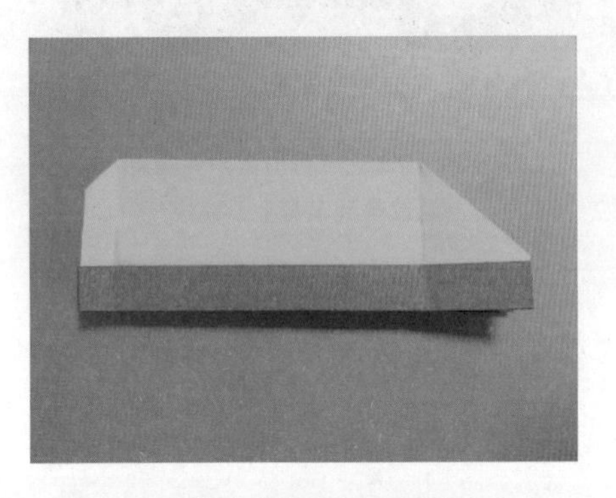

（6）前后两端翻回成如图形状

（7）剪出窗户和车轮粘到车身上，画出窗户的花纹，完成

五、小红轿车（长方形纸 15cm×7.5cm）

（1）前六步同汽车基本形

（2）如图折叠

（3）如图压折汽车外形

（4）粘上车轮，完成

作品欣赏（胡怡纬）

军用吉普

蓝色轿车

黄色轿车

任务五 十二生肖折纸

一、亥猪（纸张大小，正方形纸 15cm × 15cm）

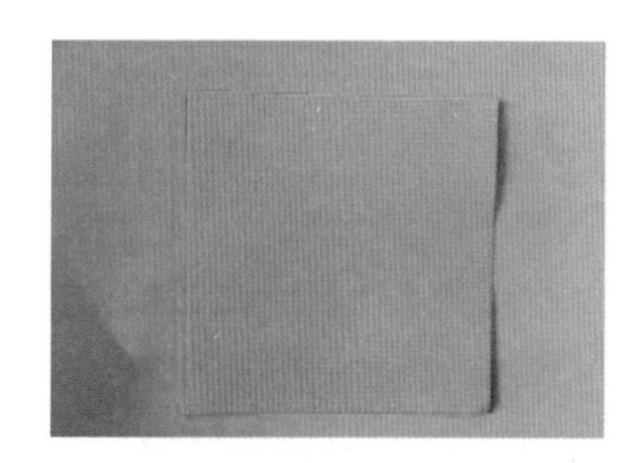

（1）正方形纸

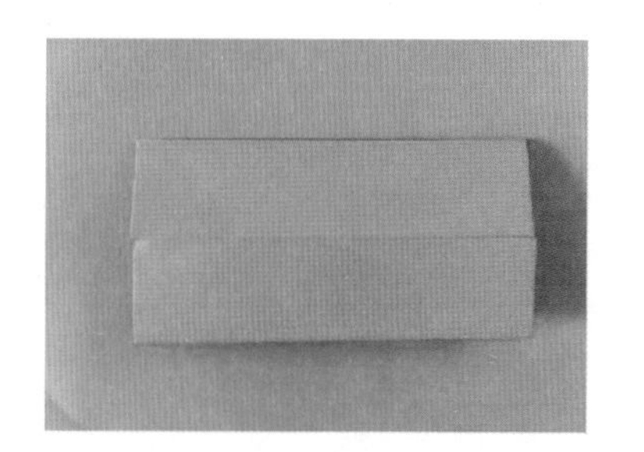

（2）翻到背面对边折出痕迹

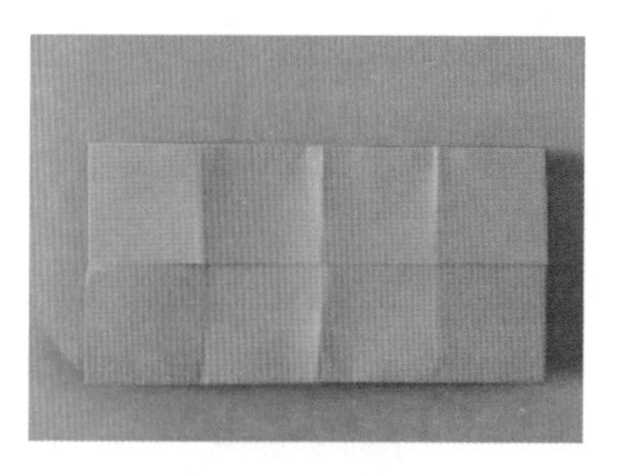

（3）如图折出四等分折痕

（4）旋转角度

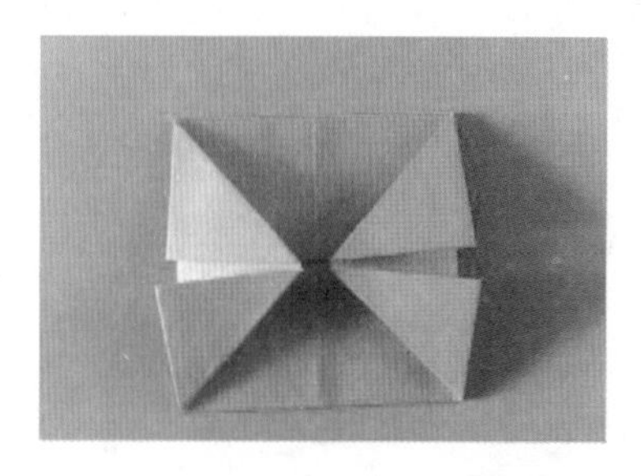

（5）如图折出左右两个三角形

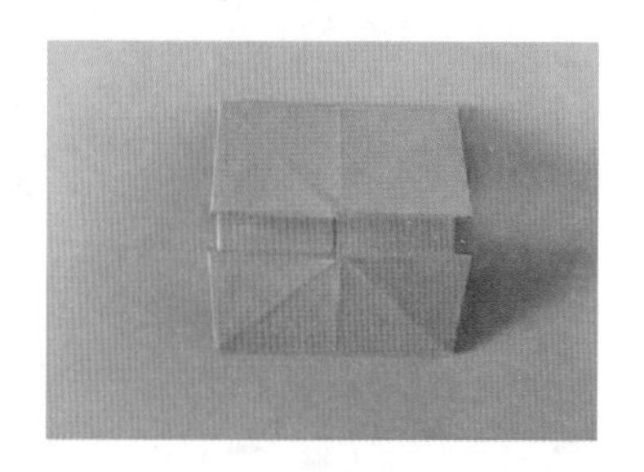

（6）打开看到折痕

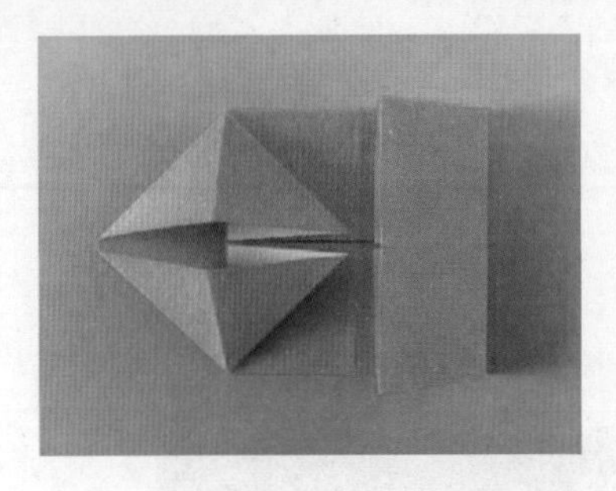

（7）按折痕推出左边正方形

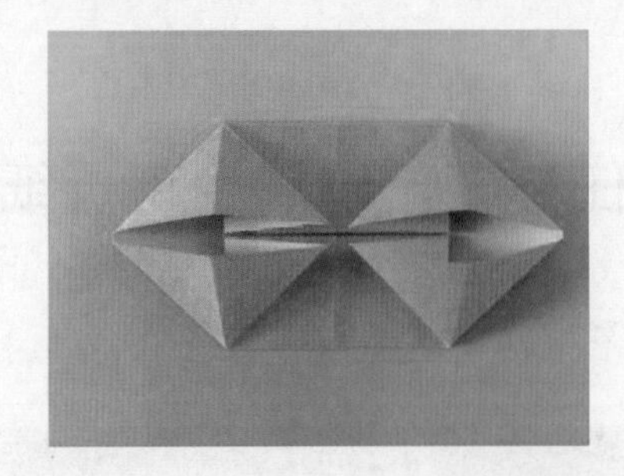

（8）同样推出右边正方形

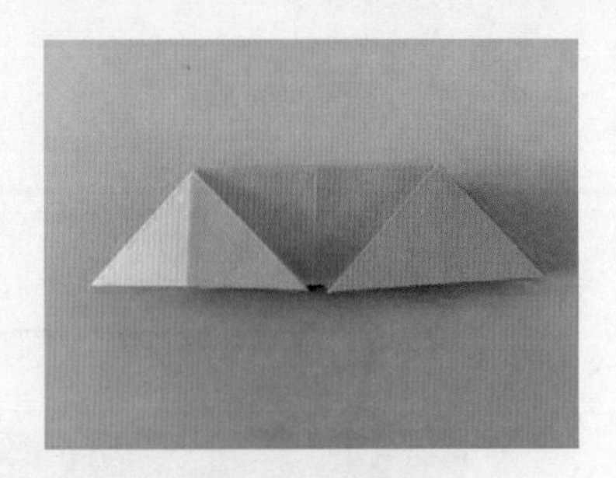

（9）对折纸张呈此形状

（10）将前面的三角形如图往左折

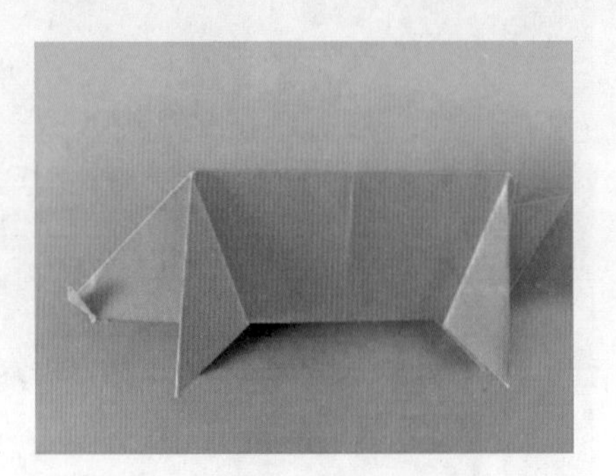

（11）将后面的三角形如图往右折，
将左边剪开后反折成猪的嘴巴，
右边用内侧中分法折出猪的尾巴

二、子鼠（纸张大小，15cm 正方形）

（1）第 1 ~ 9 步同亥猪的做法

（2）接第九步，打开纸张，
压折成如图状

（3）对折纸张

（4）将上层纸如图往下斜折

（5）反面折法相同

（6）接着将上层纸的右侧纸
角反折，反面相同

（7）再把右端纸角折入内侧

（8）粘上尾巴即成

三、申猴（纸张大小，15cm 正方形）

（1）正方形纸对角线折

（2）如图将两边往对角线折

（3）对折纸张旋转成此图

（4）向右折叠纸张

（5）撑开上方的三角形

（6）向下压折成如图形状

（7）如图向上折

（8）再次向下折

（9）压折到头部的下面

（10）向后收起头部右下侧三角形的尖角

（11）再向后折回猴子的尾巴即成

四、卯兔（纸张大小，15cm 正方形）

（1）第1~7步同乌鸦做法的前七步

（2）向后折

（3）翻到北面

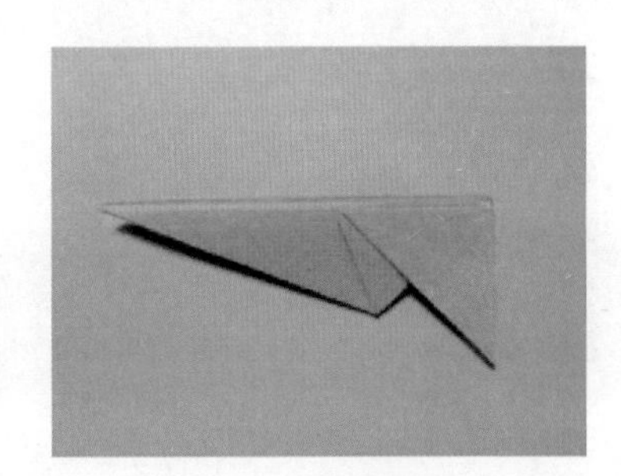

（4）上下对折

（5）右侧三角形向内折

（6）再向前折

（7）用外侧中分法做出兔子的头部

（8）将上层纸用外侧中分法向下折

（9）嘴部向后两次翻折

（10）粘上尾巴，耳朵裁开即成

五、酉鸡（纸张大小，15cm×7.5cm 长方形）

（1）长方形纸

（2）左右两端如图折

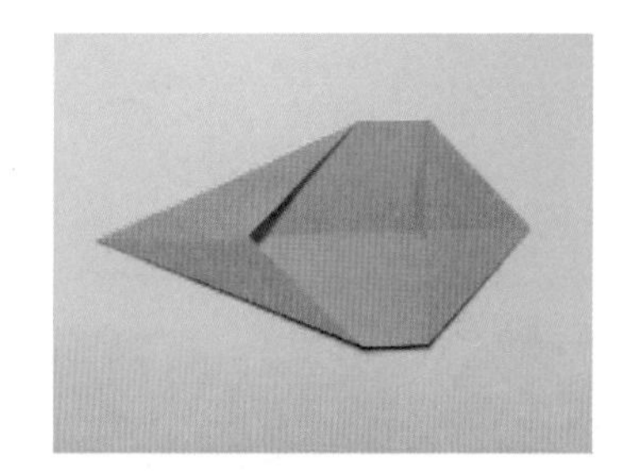

（3）左侧如图折合

（4）右侧同样再次折合

（5）将右侧纸张的上下端往外打开

（6）左右对折纸张

（7）用内侧中分法对折

（8）尾部用外侧中分法，头部用内侧中分法折叠

（9）用内侧中分法折出鸡冠

六、丑牛（纸张大小，头部 7.5cm 正方形、身体 15cm 正方形）

1. 头部的做法

（1）正方形纸对角线折

（2）下端向上折起

（3）如图上下折起

（4）对折纸张

（5）右上端向后折，头部完成

2. 身体的做法

（1）正方形纸对角线折如图

（2）左侧纸往右折，折份约 1/5

（3）再将上下往中央折，使折份约为 1/5

（4）右侧往左折，折份为 1/5

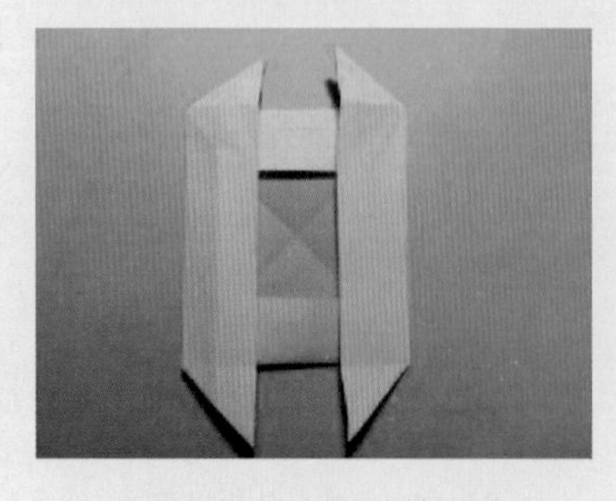

（5）打开左右两侧，压折如图

（6）两侧往后折

（7）打开四周纸张呈此图形状

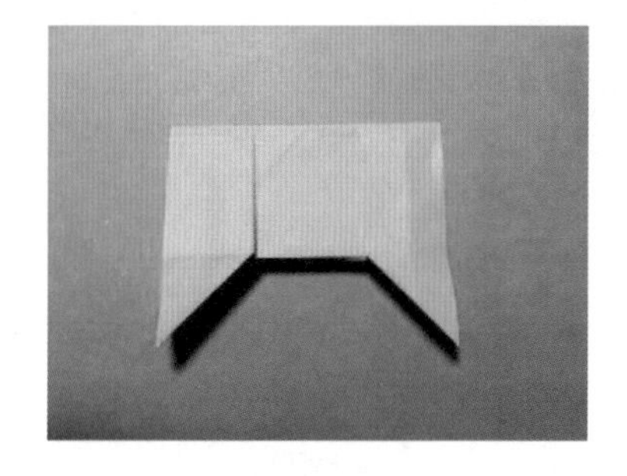

（8）对折纸张

（9）右上侧内折作尾部

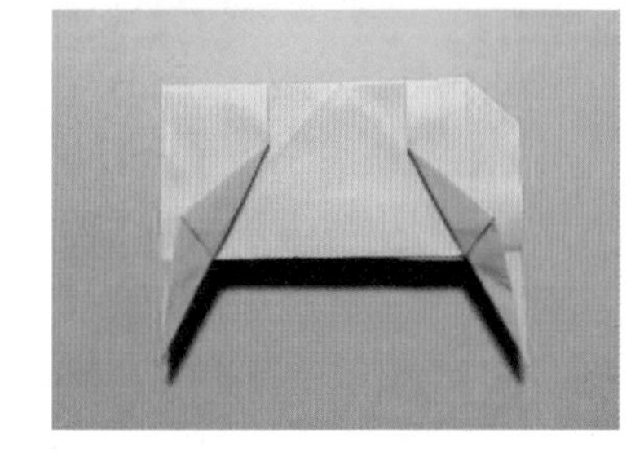

（10）向左右斜折前后纸张

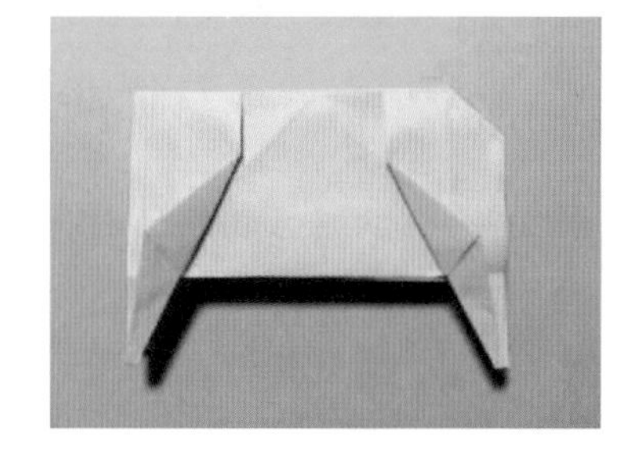

（11）剪去四个脚的尖的部分

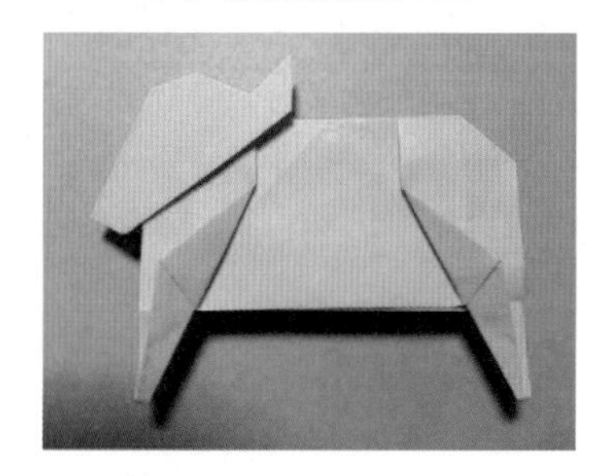

（12）结合头部与身体

七、寅虎（纸张大小，头部7.5cm正方形，身体15cm正方形）

（1）第1、第2步同丑牛的做法

（2）如图对折

（3）往内斜折下端纸张，反面相同

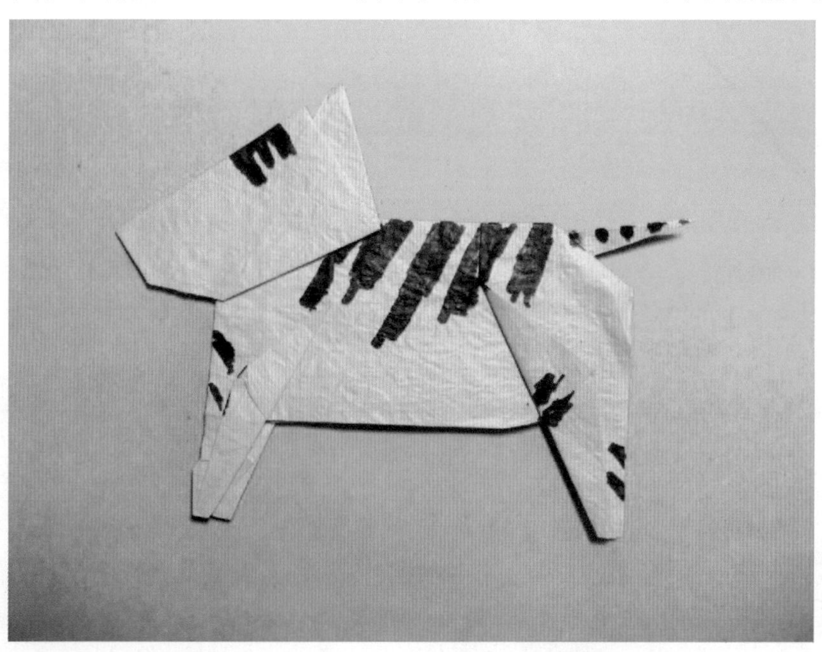

（4）身体的做法同牛身体的做法，不同的是做好后背部的花纹有所区别

八、午马（纸张大小，2张10cm正方形）

1. 头部的做法

（1）如图折出折痕

（2）头部向内折，如图再次折叠

（3）如图右侧纸上下合折出折痕

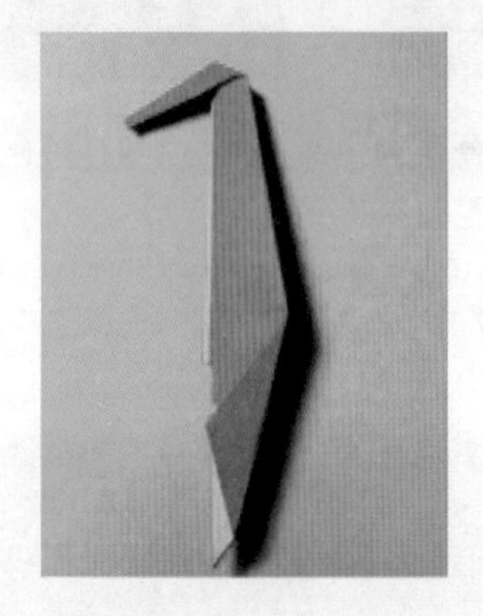

（4）用凸折法对折纸张，再用外侧中分法折出头部

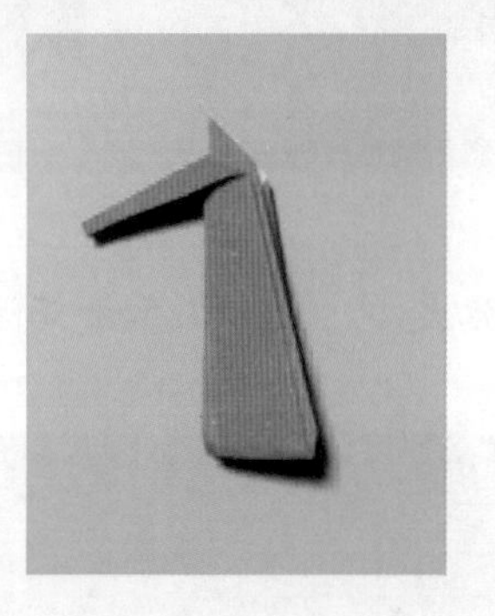

（5）用内侧中分法向上折叠下端纸张，使纸张如图所示

2. 身体的做法

（1）正方形纸对角线折

（2）下端三角形折起

（3）两侧三角形向下折

（4）两侧三角形拉开并向下压折

（5）收起两只三角形的尖角

（6）下端纸张往内折

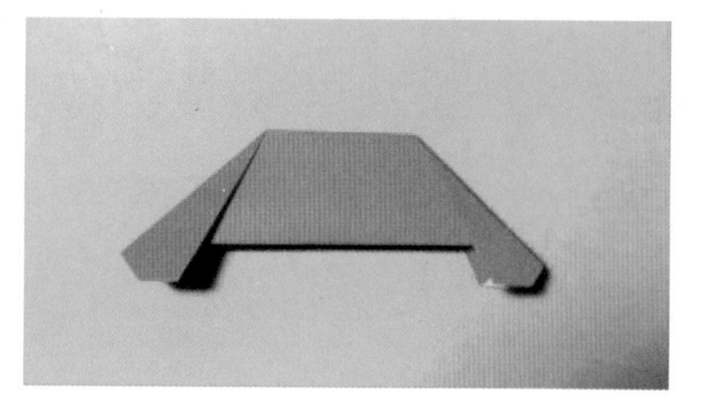

（7）左右两侧的纸也往后折

（8）将身体与头部粘合即成

九、戌狗（纸张大小，2 张 10cm 正方形）

1. 头部的做法

（1）第 1、第 2 步同午马的第 1、第 2 步

（2）如图推折

（3）如图折痕

（4）将上方纸张下拉推折成菱形，另一边相同也向下拉推折

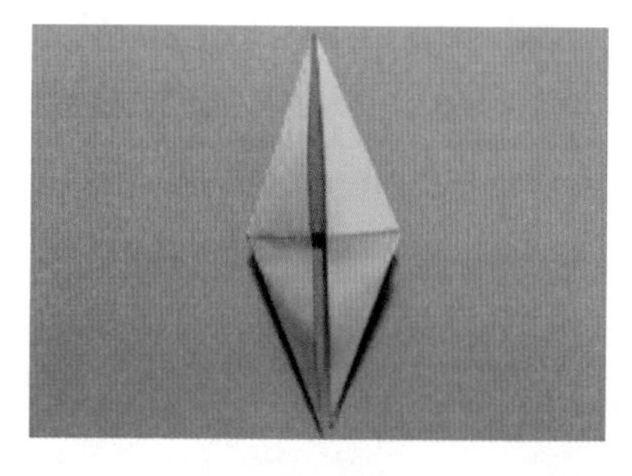

（5）成菱形

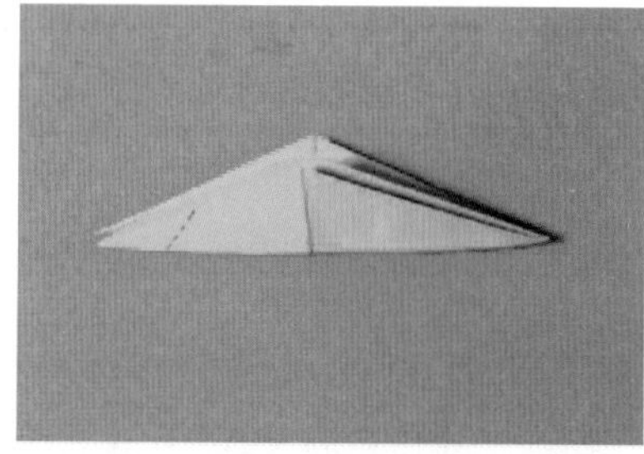

（6）对折纸张，并沿虚线向前折

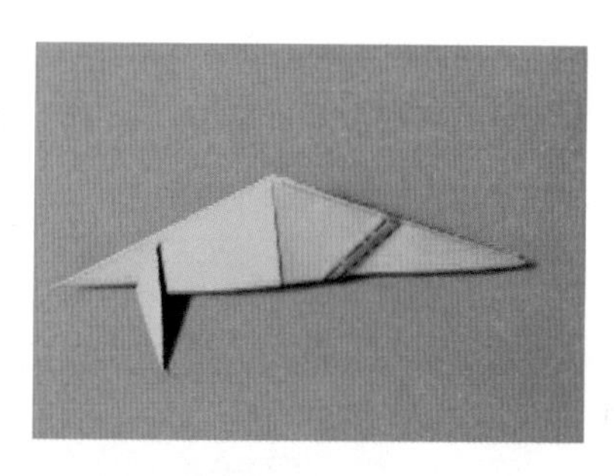

（7）如图沿虚线内折后再向前折叠

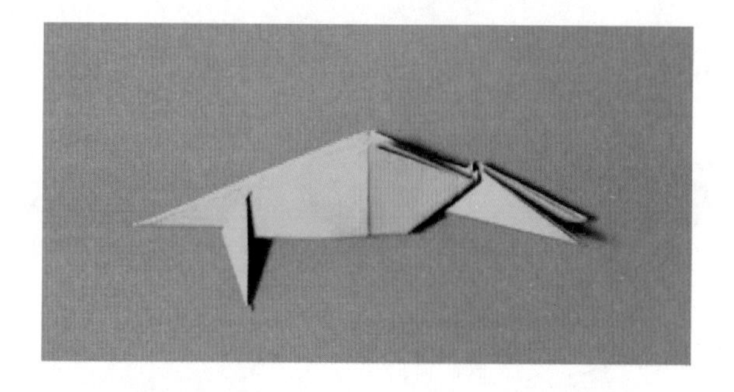

（8）头部完成

2. 身体的做法

（1）第 1 步同头部做法第 1 ~ 6 步

（2）如图步骤

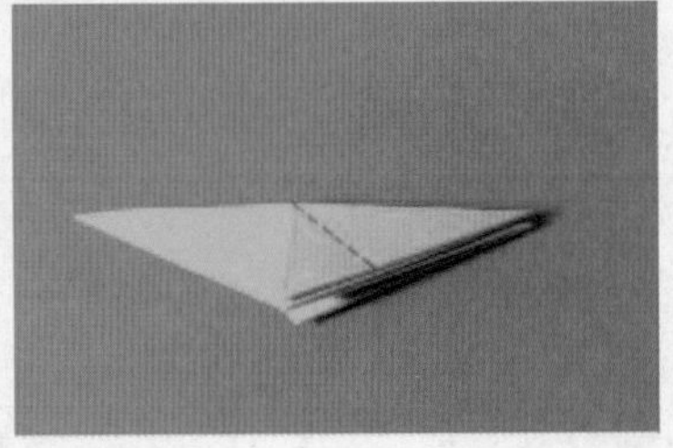
（3）沿虚线折痕

（4）向下折叠，背面做法相同

（5）尾巴向上折起

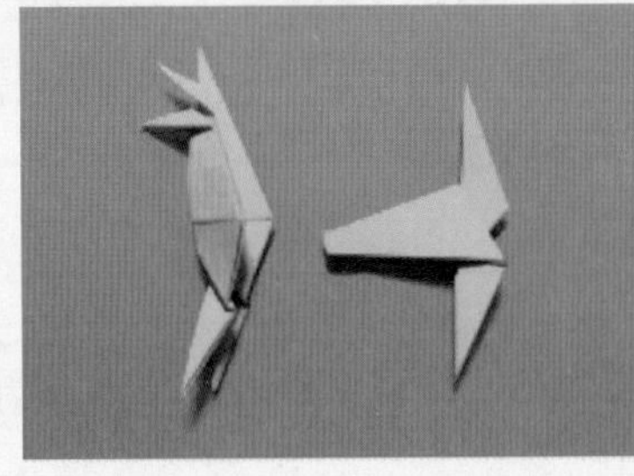
（6）将身体向内部折起一点

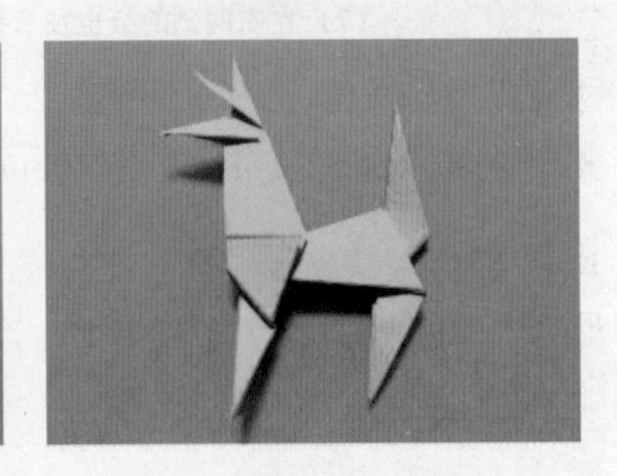
（7）将头部与身体粘合即成

十、未羊（纸张大小，2 张 15cm 正方形）

1. 头部的做法

（1）正方形纸对角线折

（2）如图两边向下折

（3）掀起左右两边的纸角向下折

（4）下端向上折起

（5）顶部左右两边纸角向下压折

（6）左右两侧的三角形向前折

（7）翻到正面

（8）左右两侧的耳朵再次向前折，完成

2. 身体的做法

（1）正方形纸折出米字格

（2）推压成基础 A

（3）顶部向下压折

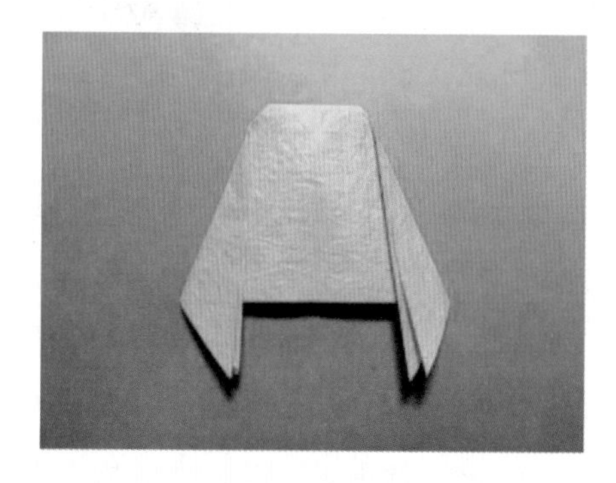

（4）左右两侧如图往中心斜折

（5）粘合头部与身体，完成造型

十一、巳蛇（纸张大小，1 张 10cm 正方形）

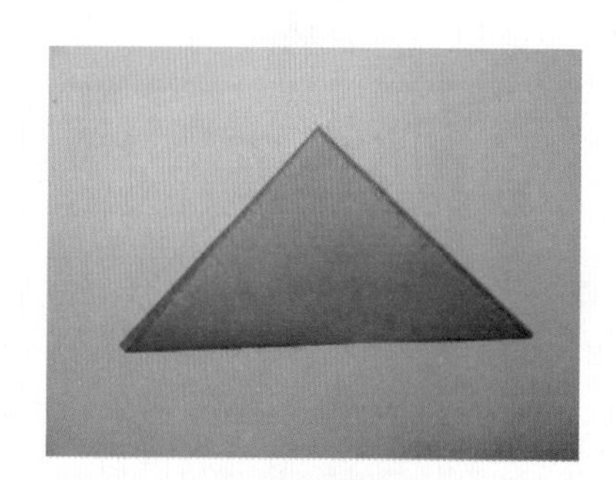

（1）正方形纸错开约 0.5cm

（2）翻到背面向上折，折痕宽约 0.8cm

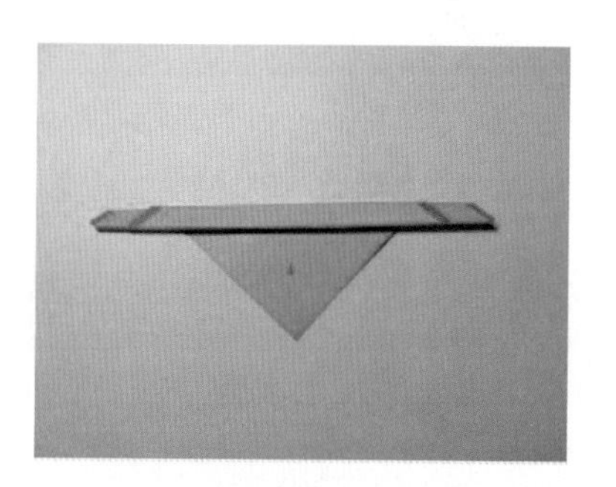

（3）继续沿箭头方向折

（4）折成细棍形

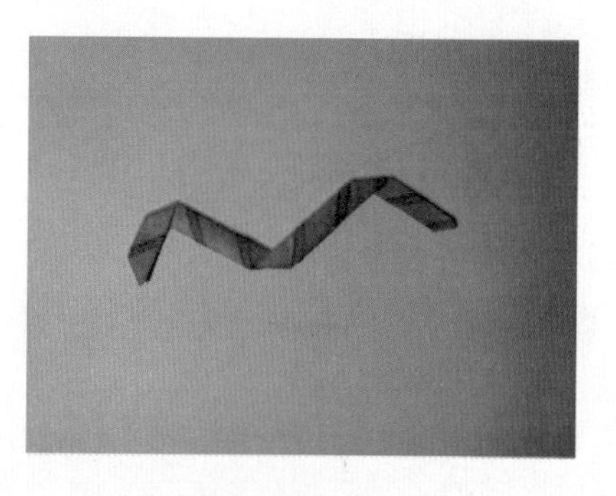

（5）做几次弯曲成型，完成

十二、長龙（纸张大小，6 张 7.5cm 正方形）

1. 龙头上半部分

（1）正方形纸对角线折

（2）如图折

（3）左右对折

（4）再对折

（5）将下面的部分往左折呈如图形状

（6）翻到背面

（7）右边三角形往左折

（8）如图折

（9）向内侧对折纸张

（10）如图将右上角梯形向右拉成三角形

（11）左边尖角向内折起，完成龙头的上半部分

2. 龙头下半部分和龙的身体

（1）第1、第2步同龙头上半部分前三步

（2）如图上下折，外侧纸端呈平行状

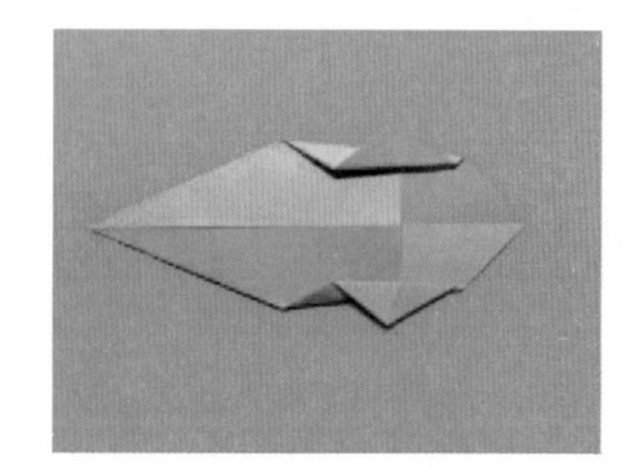

（3）再如图向外斜折

（4）沿中线打开两端纸张并如图斜折，左侧纸角往右折

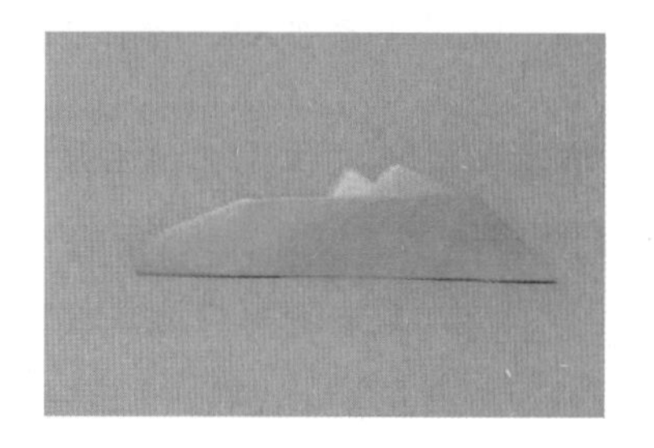

（5）对折纸张，下半部分完成

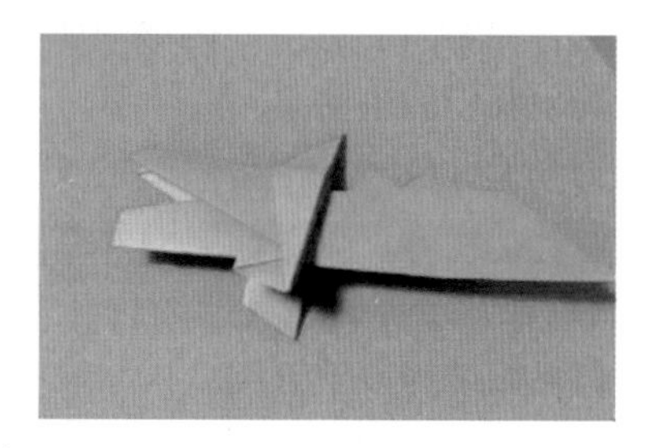

（6）将上下两部分插接完成头部和身体

3. 龙尾部

（1）第1~3步同龙头的前三步

（2）如图上下折，外侧纸端呈平行状

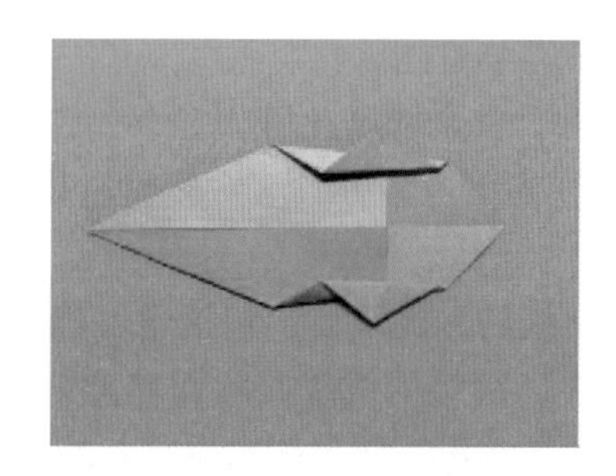

（3）再如图向外斜折

（4）如图对折

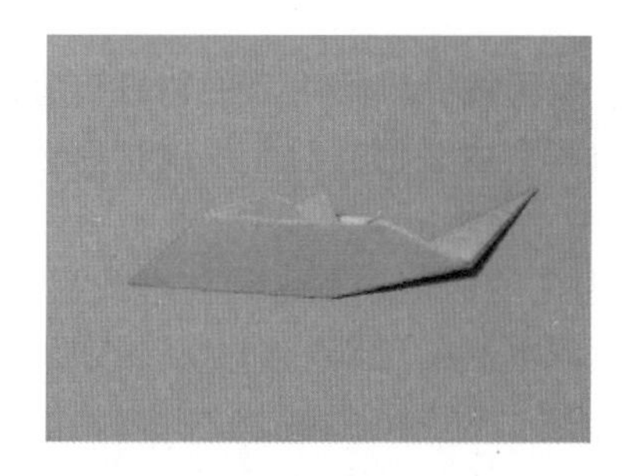

（5）右侧纸端往上斜折

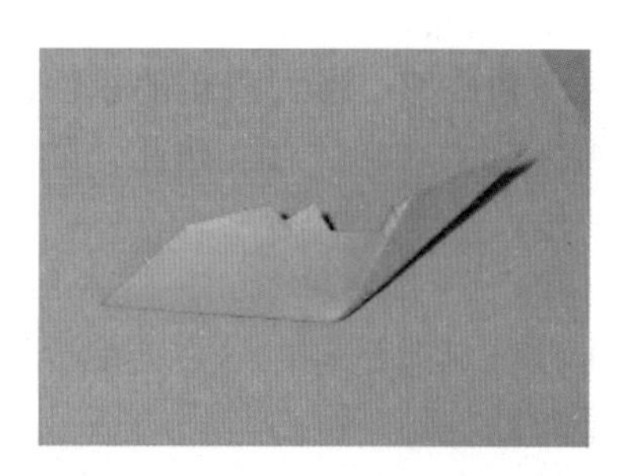

（6）再用外侧中分法折出尾巴

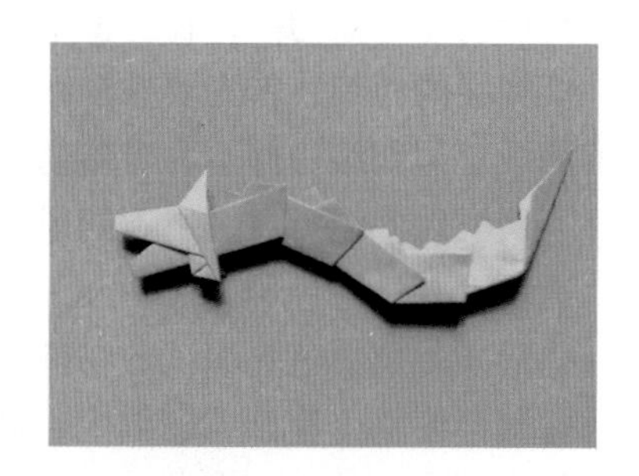

（7）将头部身体和尾巴进行粘贴，完成龙的造型

项目二　中国结

中国结是流传千载的手工编织艺术，它蕴含着丰富的华夏文明，彰显出中华民族特有的人文理想和文化追求。它不仅是一种美和巧的形式表达，更是民间智慧和民族情怀的承载，可以说，中国结艺已经成为一门国粹，中国结手工艺品也成为中国艺术的一张名片。

同时，中国结是一门生活化的结绳艺术，它不需要太大的空间。编结的工具也很简单，一把剪刀、一条线绳就能编出各种不同的造型。闲暇时编制一些结艺饰品，既可丰富生活、陶冶情操，还能为家居增添艺术气息，美化我们的生活。

中国结发展到今天，已经不再是简单的文化传承，而是更多地融入了现代人对生活的诠释，从材料的选用到编结的设计都融入了很多的时尚元素，也编进了人们浓浓的情义和深深的祝福。

（一）编中国结应该准备的材料

编结主要材料可归纳为以下五类：

（1）线材。选择线的质材、外形、适应中国结整体美观为重点，中国结的特点是用线盘绕交叠产生有规律的纹理效果，所以线的选择就是将此特性加以强调。

（2）配饰。所含范围包括形式多样的作品，大到墙壁挂的，小如身上戴的，圆珠、管珠，做坠子用的各种玉石、金银、陶瓷、珐琅可根据造型需要按使用性质加以设计、安排。

（3）穗。一个完整的中国结造型往往与其结体组合下方的配置技巧有着密切关联。穗子线又叫文化线，它还可以当绣线功能缝制珠子、结体等，因为颜色相同，可省掉找寻同色绣线的麻烦，只要在文化线尾端拉出线缕配合穿针器即可，且不需要打结。

（4）配件。除中国结主体配饰之外，其余皆属此类。

（5）包装。好的作品，配上好的包装相得益彰。除一般的包装盒外，还可以用裱框方式把结体装裱起来，将作品衬托得更突出、高雅。

编制结饰时，最主要的材料是线，线的种类很多，包括丝、棉、麻、尼龙、混纺等，都可用来编结，线根据结的种类及用途而定。一般来讲，编结的线纹路愈简单愈好，一条纹路复杂的线，虽然未编前看来很美观，但编结后，不但结的纹式尽被吞没，而且线本身具有的美感也会因结子线条的干扰而失色。

线的硬度要适中，如果太硬，不但在编结时操作不便，结形也不易把握；如果太软，编出的结形不挺拔，输廓不显著，棱角不突出，但是扇子、风铃等具有动感的器物下面的结子，宜采用质地较软的线，使结与器物能合而为一，在摇曳中具有动态的韵律美。

谈到线的粗细，首先要看饰物的大小和质感。形大质粗的东西，宜配粗线；雅致小巧的物件，宜配较细的线。假如编一件不为合器物而纯为艺术欣赏的独立作品，如壁饰等室内装饰品时，用线则比较自由，不同质地的线可以编出不同风格的作品来。

选线也要注意色彩，为古玉一类古雅物件编装饰结，线直选择较为含蓄的色调，诸如咖啡或墨绿；为一些形式单调、色彩深沉的物件编配装饰结时，若在结中夹配少许色调醒目的细线，如金、银或者亮红，立刻会使整个物件栩栩如生，璀璨夺目。

除了用线以外，一件结饰往往还包括镶嵌在接触面的圆珠、管珠，做坠子用的各种玉石、金银、陶瓷、珐琅等饰物，如果选配得宜，就如红花绿叶，便相得益彰了。

各色各类的线能够编出形态与韵致各异的结。如果颜色与质地不适宜，编出的结效果会大打折扣。

同时，一件结饰要讲求整体美，不仅用线要得当，结子的线纹要平整，结形要匀称，结子与饰物的关系也要多用心，两者的大小、质地、颜色及形状都能够配合并相辅相成才好。

（二）编中国结应该准备的工具

编结主要靠一双巧手，古人编结时让线在双手中盘绕，就能编出各式优美的结形。为方便初学者，现列出几种简便工具。

1. 基本工具

剪刀（锋利、尖嘴较适用）、尺（布尺、卷尺、硬尺皆可）、结盘或插垫、专用钩针、打火机、镊子或尖嘴钳、透明喷漆。

2. 穿孔工具（特定工具）

刀片（美工刀、铅笔刀）、强力胶、透明胶带、胶枪。

3. 缝珠子工具（特定工具）

针、穗子线（文化线）、穿针器。

4. 锦心穿绕工具（特定工具）

毛线缝针或发夹、胶带。

（三）制作前的准备

（1）洗净双手。

（2）将线头、线尾、须线处理好。

（3）把准备好的整套材料装在一个包装袋里。

（4）准备好一口气把整个产品编制完毕，避免各种突发事件干扰。

（四）中国结的制作

制作五步骤——筹、编、抽、饰、定型。

1. 筹（周全的筹备是最有效率的工作方法）

（1）准备、计划、拟定（如果只做一个单独结体或老师统一安排教学或临摹书内示范图解，就可省略本过程）。筹，包括设计造型、预定编制顺序、配饰、珠子穿入先后、结体长度，颜色及全部材料准备，直到挂在预定好的地方为止。

（2）做好一个中国结，会离开椅子不止五次，因为遗漏配件、顺序搞错重来、颜色不好再去买、造型不理想再修改、挂耳太短、忘记穿珠子等，使原来只需1小时做完的作品要花上三四个小时，甚至更久还无法达到满意的效果。

（3）能有效率地做好一件作品，取决于事先准备是否完整，时间超过预算，不是编制的时间不够，而是做错修改、遗漏、欠缺材料或工具花掉的时间太多。

（4）“筹”的步骤。

1）构想。①打算做何用途？如做项链、车内挂饰、壁饰或发饰等。②做多大、多长？如车内挂饰，长度不可太长以免挡住视线。③配什么质料、颜色？如穿着古朴衣服最好用棉质线或跑马线，结体的搭配以相得益彰为安排重点。

2）画简图。将要编制的结在纸上画出草图，标好顺序。

3）材料准备。①线的种类、颜色、长度。②配饰尺寸、绳子可否穿入洞口。

材料需全部搜集齐全核对清楚，放入一个容器，勿混合其他材料。

4）使用工具。除基本工具外还要何种特定工具？

5）注意事项。编结时哪个步骤最易遗漏，材料中哪些需防掉落等。

2. 编（形成结体结构的过程，即穿、绕、挑、压的动作）

（1）初学者应先准备6号红色、粉红色斜纹线各120厘米，线头合并打结，连接成甲、乙两端不同颜色；按图解将基本结练熟，记住易错的地方，再开始用新线做正式结体，可保持作品干净、美观。

（2）有两种编结方式。徒手式编结、平摆式编结。

（3）以理论作基础的编结观念使您跻身行家之列。

3. 抽（编结者的艺术涵养、心情好坏，可经由“抽”的步骤反映在作品上面）

抽即调整。穿绕完毕，检查是否有错误的地方。结体编好会有多余的剩线，呈现松散状，需要进行“抽”的步骤把多余剩线抽到尾端，整个结体才会显现，但是结形的标准需靠个人的审美观衡量，如有人喜欢把结耳拉大，有人却觉得这样反而推动主体的分量，有人在结耳处做各种弧度的变化。但有三项可定标准：

（1）结体的松紧度要平均，四边必须等宽才能对称，以尺子测量即可。

（2）每个回转线的距离相等，横直对称，每个结缝间隙就会整齐，可用钩针尾端调整。

（3）正面的结缝要与背面的结缝对齐，将结体对着光看，可从结缝看到光线。

4. 饰（装饰、修整、遮掩及补充）

（1）纵然是简单的作品也必须经过“饰”的过程才能将完整的结体发挥应有的功能，如一个以盘长结打好的玉佩，会留下两个线尾，必须以项链头接上两个线尾或做调绳结，使结体可供穿戴，此即饰的过程。

（2）饰，并非一定在编、抽过程后才进行，本示范结在第三个步骤就需穿上两个玉珠，直到做坠珠串均是饰的过程。所以制作一个作品，编、抽、饰经常是合并交叉制作，并无规定何者先、何者后的顺序；若“筹”的过程没有规划好，就容易把步骤搞错，造成拆结重做的后果。

（3）在设计一个作品时，原来计算起来总长度应可完成，可是实际编制却因忘了算入挂耳的长度，致使长度不够。此时可采用接线技巧，继续编结未完部分，等抽好作品会剩更长线尾，再将其剪断即可，这也是“饰”的方法。

5. 定型（长久保持结体最佳形态，延长作品寿命）

（1）经过编、抽、饰的过程，一件作品已经完成，陶醉之余，切记整个结体还是经不起触摸的，若不即刻进行定型处理，会随时变形，所以只要认为结体是在最佳情况，就要马上进行“定型处理”。

（2）方法。将不用的报纸平铺在地板上（报纸是为了防止喷漆和原料沾到器物），再放上白纸（没有印刷的纸），把编好的作品翻到“背面”（要喷漆的面）、放在白纸上，取透明喷漆并摇匀，距作品5～10cm喷在作品上面，让漆液渗入线体，对容易变形、松散的部位多喷一些，但不能太多，否则会渗到结体正面（可先在旁边以不用的线头试喷）。喷好的作品好像沾到水一样，颜色会变深，但会慢慢恢复，静置2～3小时，作品会慢慢硬化，4～5小时后即可正常使用。

综上所述，编、抽、饰三个过程没有前后顺序，应视整体组合的特性安排制作顺序。若没按制作顺序或遗漏一个环节，将不得不把做好的结体拆掉重编，所以在“筹”的过程中要多花一些精力和时间，以达到合理安排、有序制作的目的。

任务一 锁结、止结与平结

一、锁结

两根线为一组相套，呈锁状的结，称锁结。

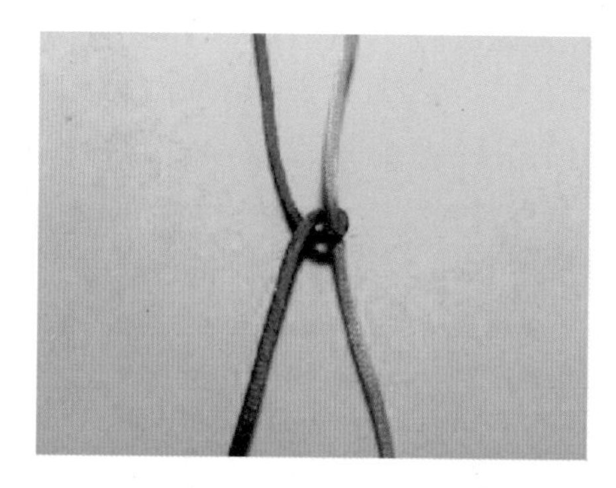

（1）紫线向右压过橙线，从橙线的后面，紫线的上面穿过

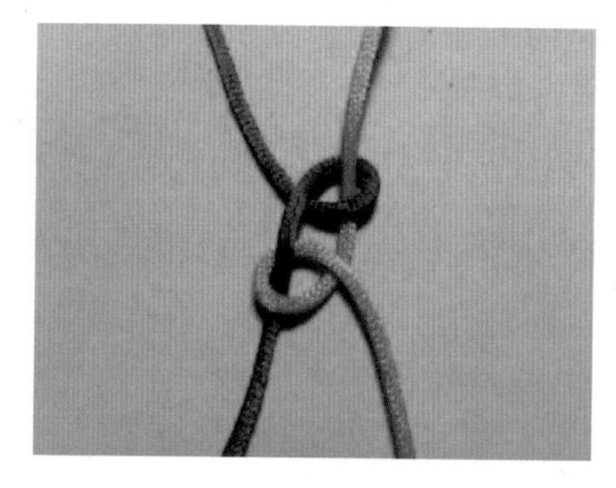

（2）然后将橙线向左压过紫线再从橙线上面穿过

（3）再将紫线向右压过橙线，从橙线的后面，紫线的上面穿出

（4）如此循环编织交替橙线与紫线，完成

二、止结

每条线本身结成“死结”即止结。

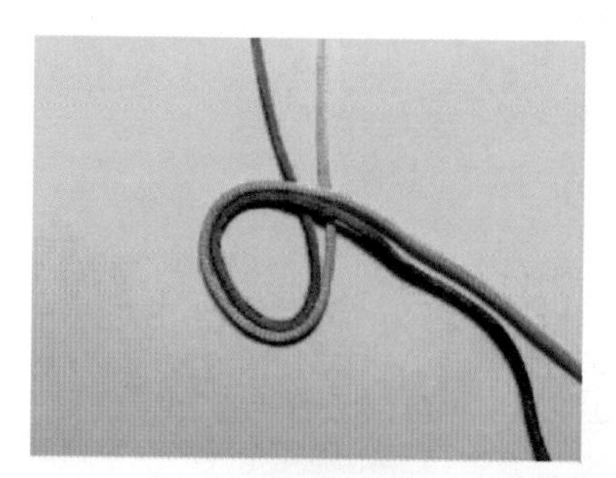

（1）双线如图打结

（2）如图穿插抽紧

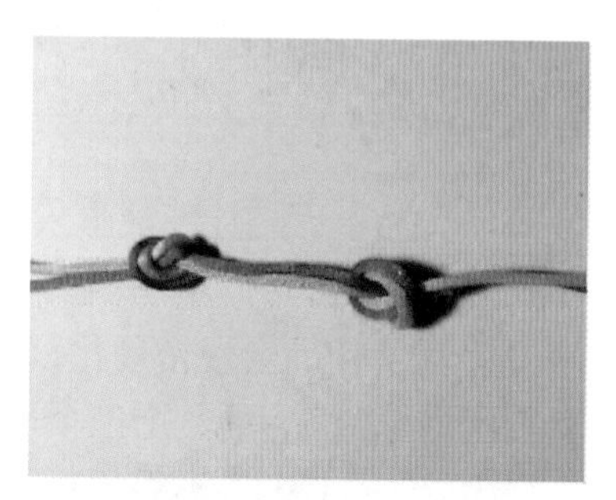

（3）再一个止结连续

三、平结

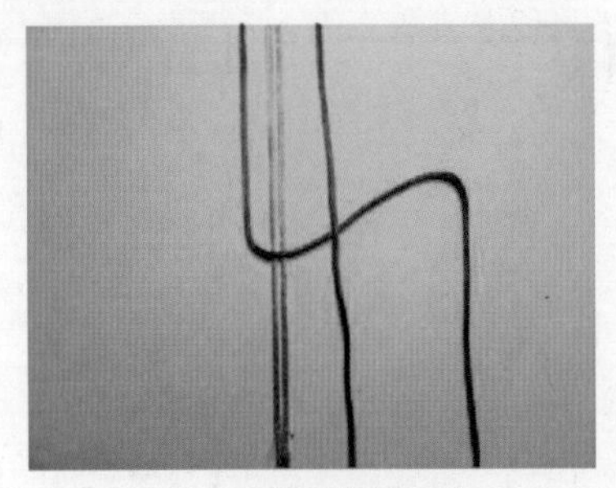

（1）四根线如图摆放

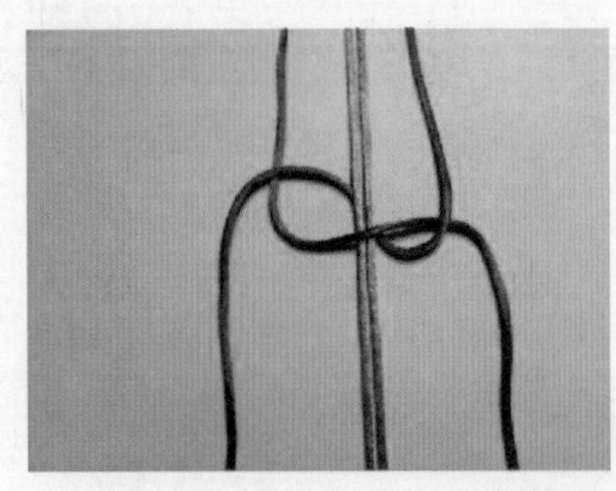

（2）左边紫线跨过绿线向右搭在右边紫线的下方

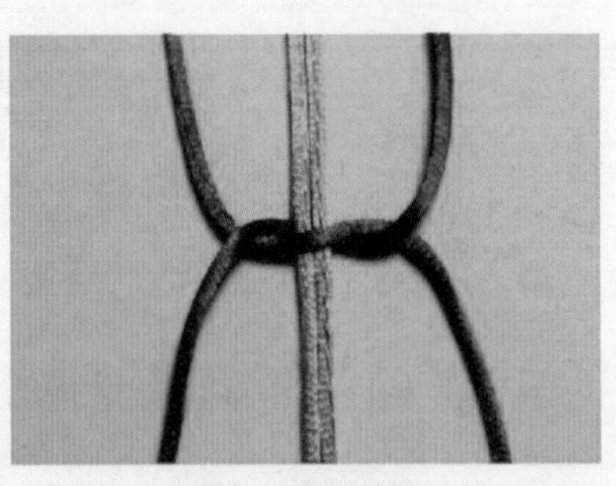

（3）上图抽紧

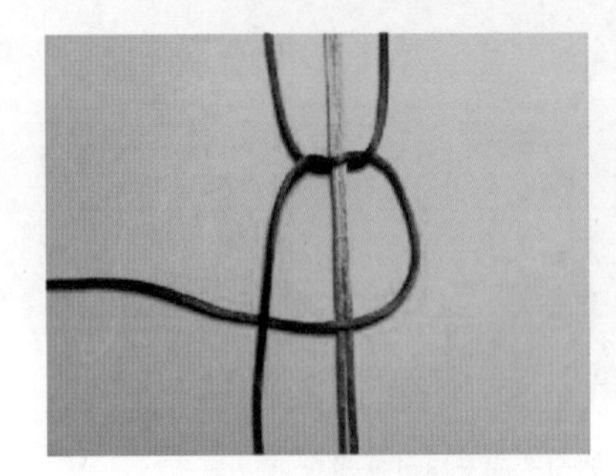

（4）然后用右边紫线从绿线上跨过向左钻入左边紫线下方

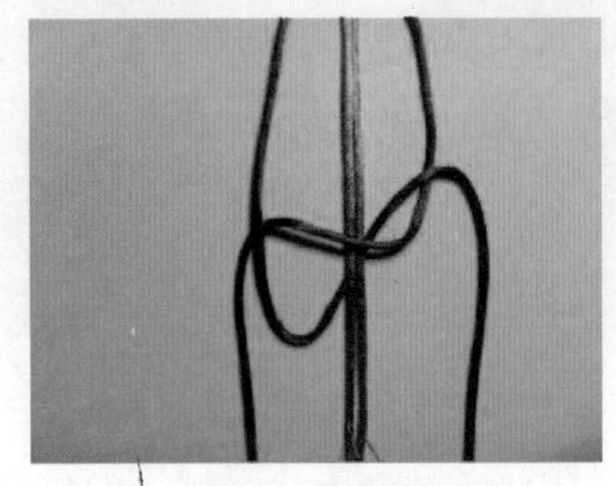

（5）再将左边紫线向右钻入绿线下方再搭到紫线上方

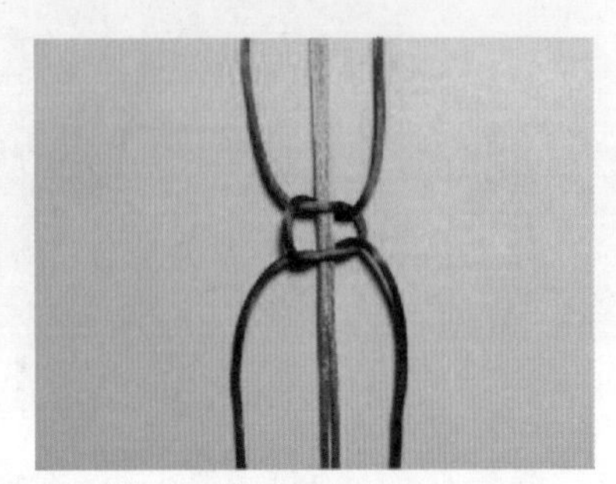

（6）如图抽紧

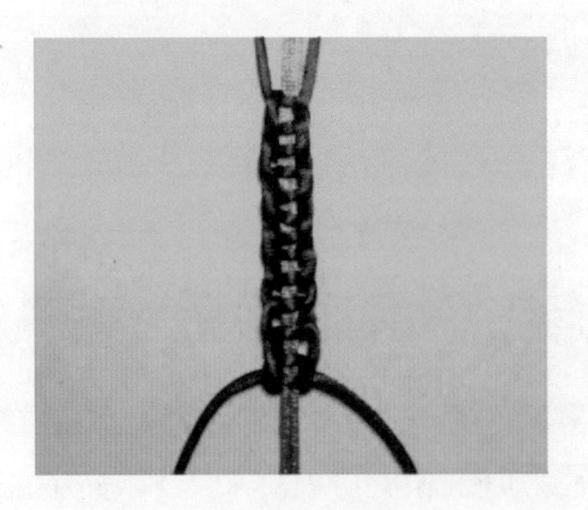

（7）平结的连续

学生作品

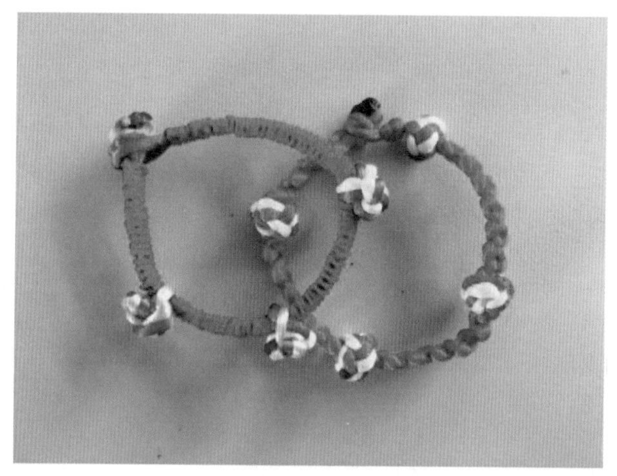

锁结、止结与平结手环

任务二 双联结

双联结的做法

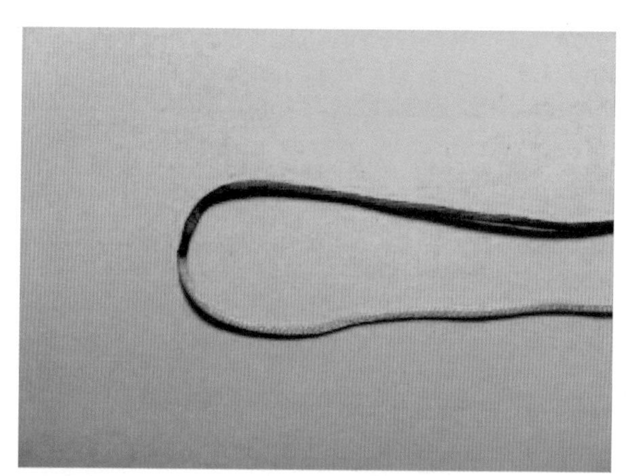

（1）橙紫双色线如图摆放

（2）紫线向上包住橙线

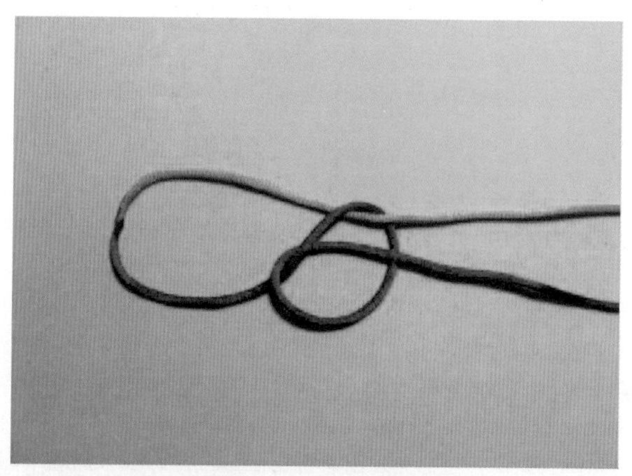

（3）用紫线做一个小圈然后从圈中穿出来

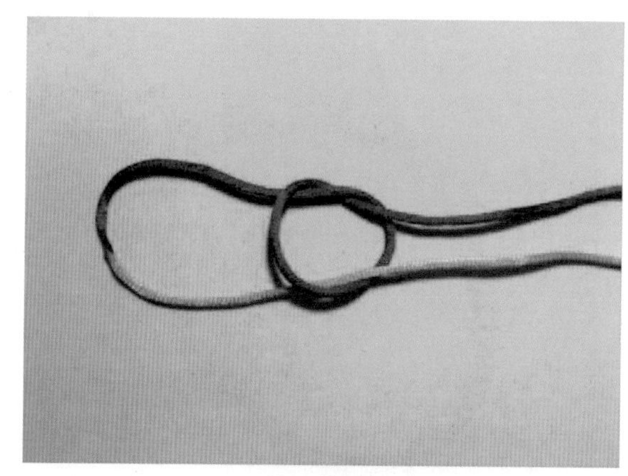

（4）将整个小圈向上翻转

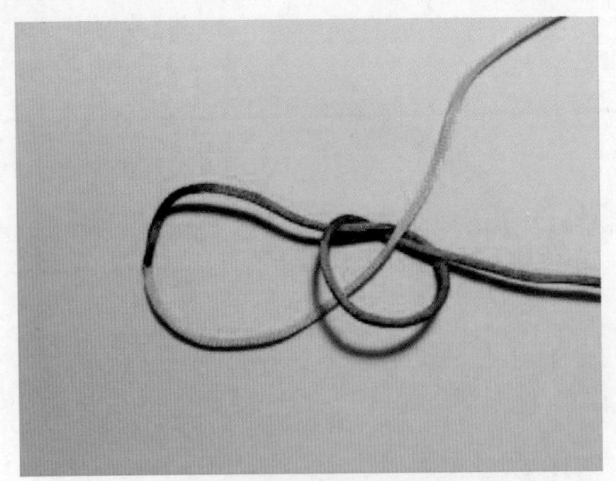

（5）将橙线拉向右上方

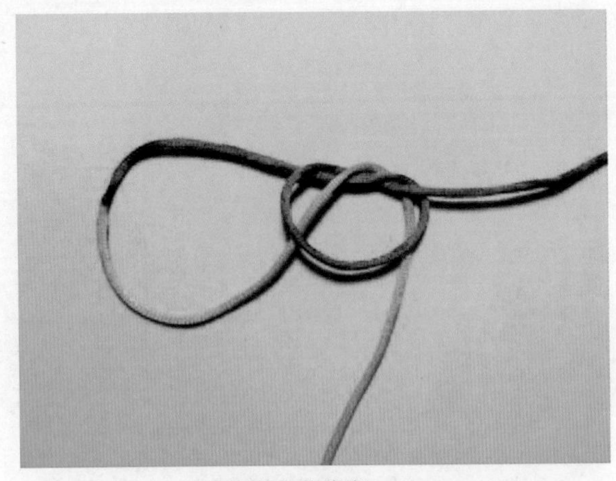

（6）用橙线包住紫线

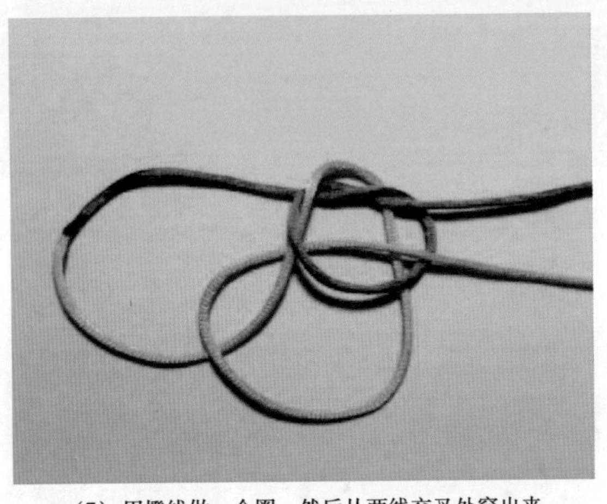

（7）用橙线做一个圈，然后从两线交叉处穿出来

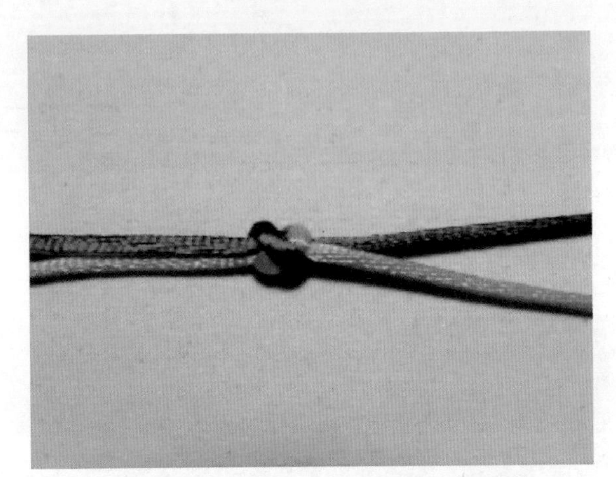

（8）将两条线拉紧，完成（正反两面均为交叉形结）

任务三 金钱结

金钱结的做法

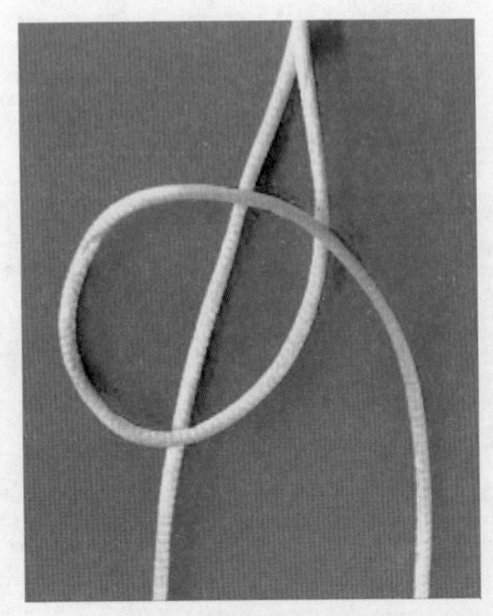

（1）右边绳如图放在左边绳的上面

（2）左边绳压过右边绳从双联结下面的两绳中间穿过向左下抽出

（3）如图穿过，完成一个金钱结

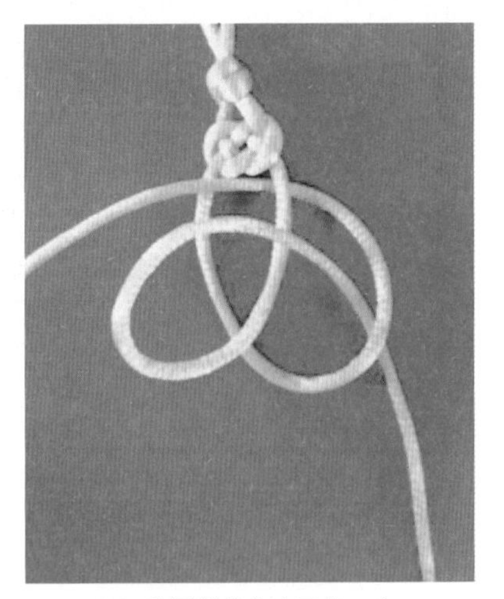
（4）按同样的方法再编一个

（5）第二个完成

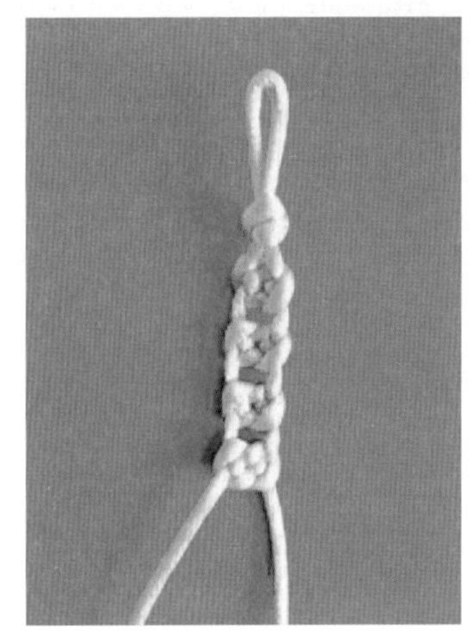
（6）依次完成四个

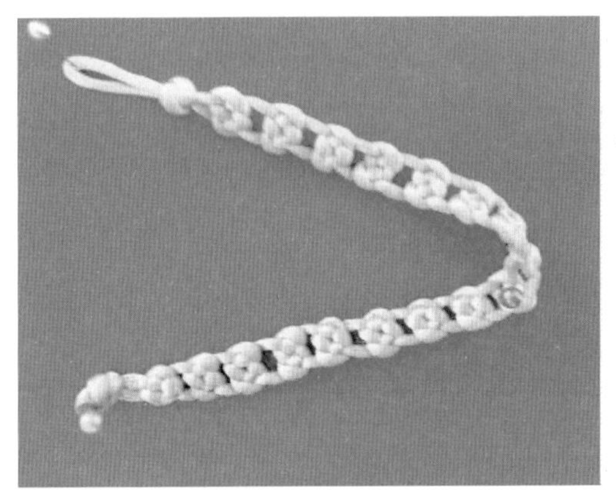
（7）直至完成手环制作

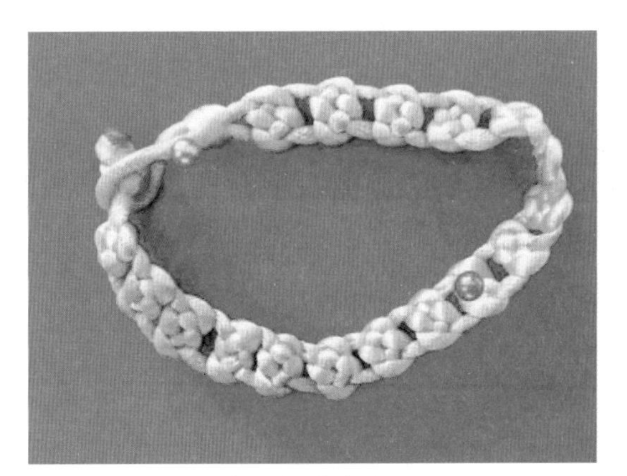
（8）金钱结手环完成图

任务四　双耳与三耳酢浆草结

一、三耳酢浆草结的做法

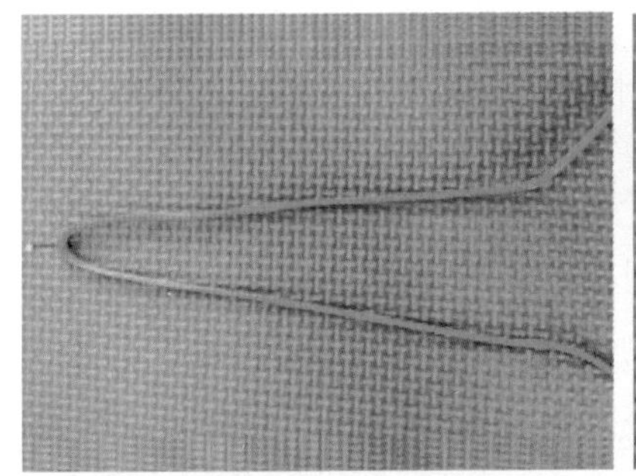
（1）50cm 长中国结 6 号线

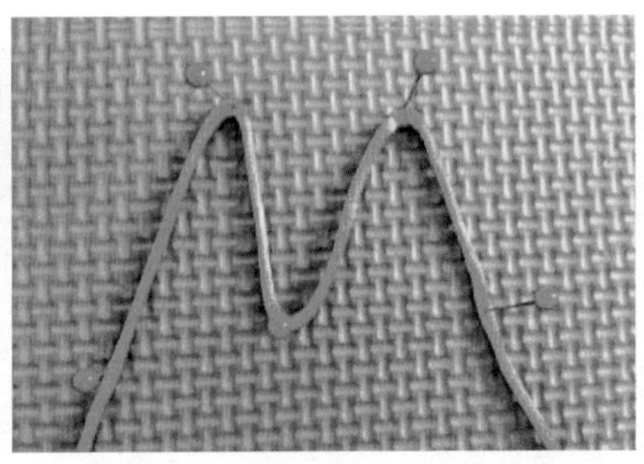
（2）如图摆放做出两个绳套

（3）挑起右边绳套进入左边绳套

（4）抽紧左边绳端，留出第二个绳套

（5）留出第三个环后如图穿入第一个环

（6）挑起右边绳端按图中白色绳穿入的位置包住第一个套后再返回如图穿入第一个环（左上端）的位置

（7）抽紧三个环，完成

二、双耳酢浆草结的做法

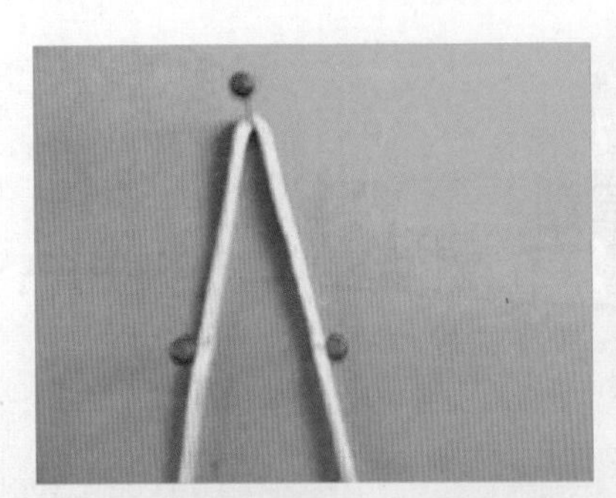

（1）如图摆放

（2）如图摆放，形成两个绳套

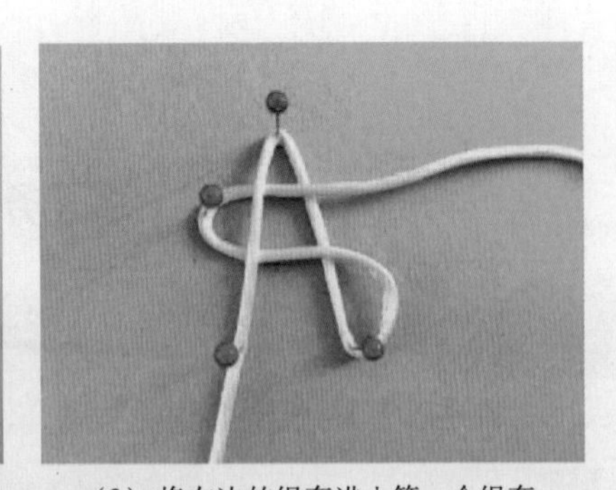

（3）将右边的绳套进入第一个绳套

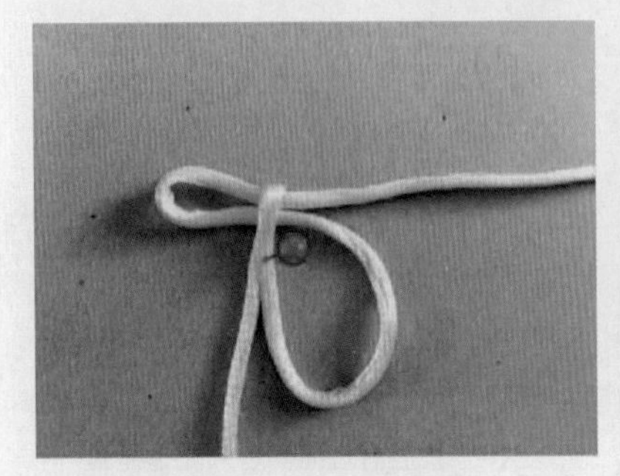

（4）抽紧后如图

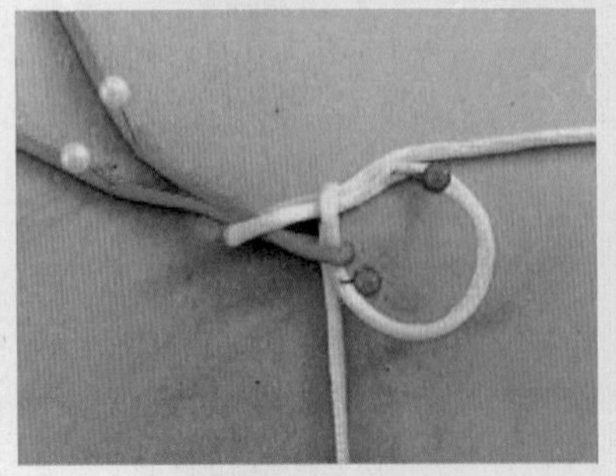

（5）按图中红色绳的位置将右上边白色绳穿入

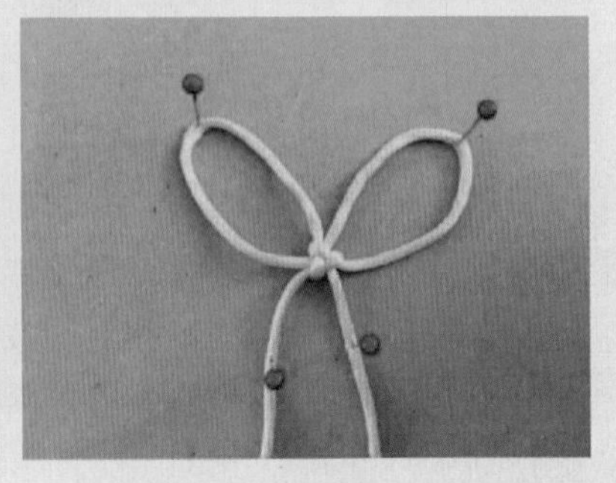

（6）抽紧，完成

学生作品

如意结

吉祥如意结

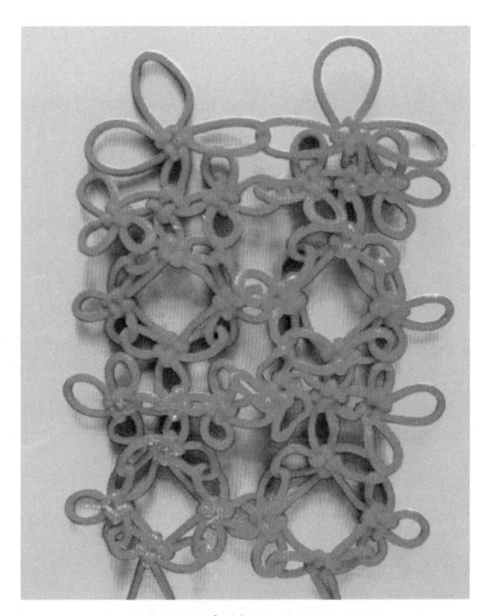

双喜结

任务五　吉祥结

吉祥结的做法

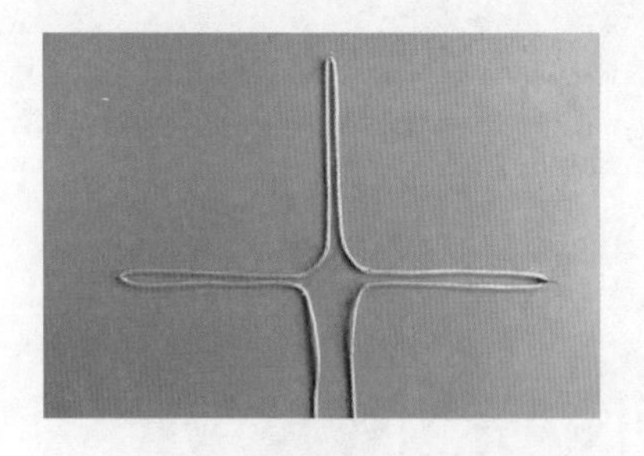

（1）如图摆放好绳结的位置

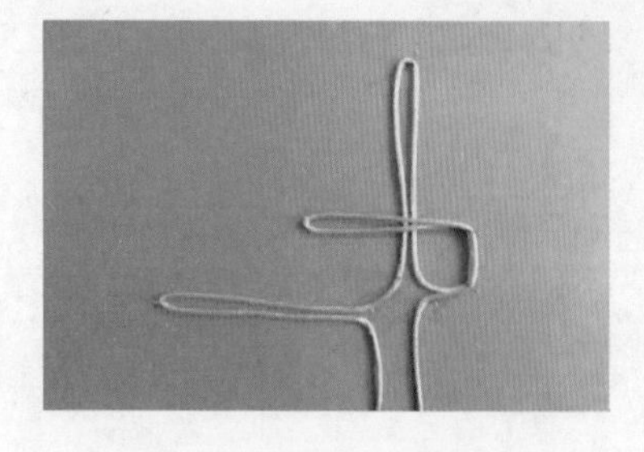

（2）将右边绳套挑起按逆时针方向向左搭在上面一个绳套上

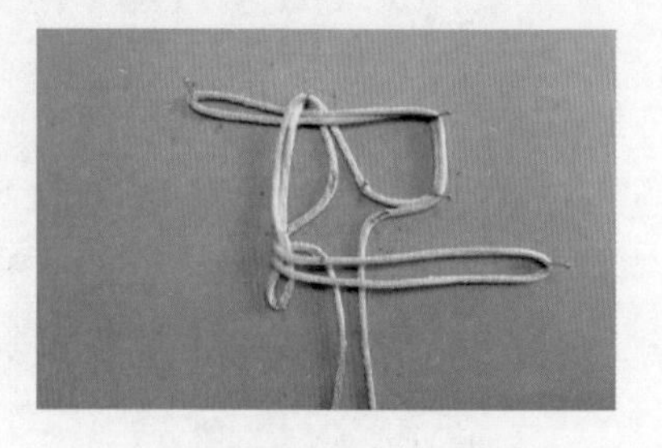

（3）将上面的绳套向下搭在左边的绳套上

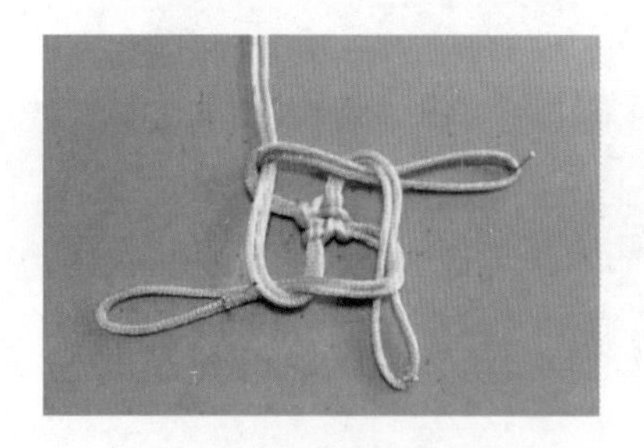

（4）将左边的绳套向右搭在下面的两根线上

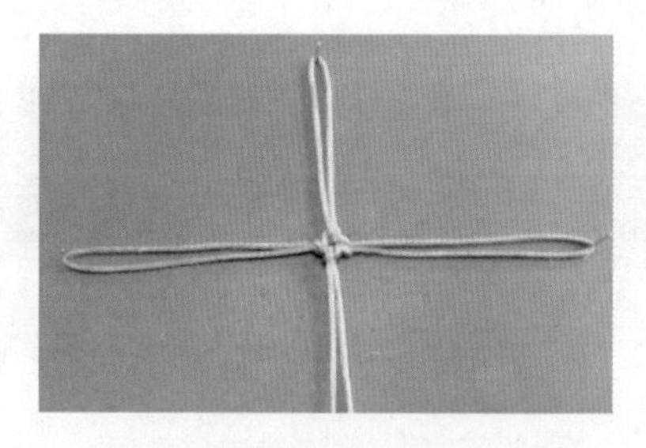

（5）将最下面的两根线绳挑起向上钻入图所形成的环中

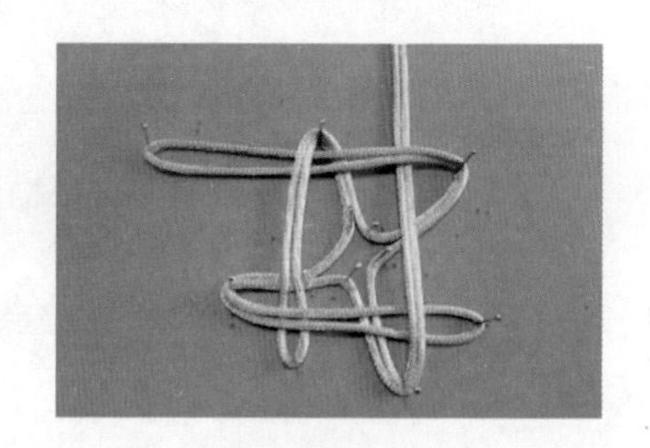

（6）抽紧线绳如图

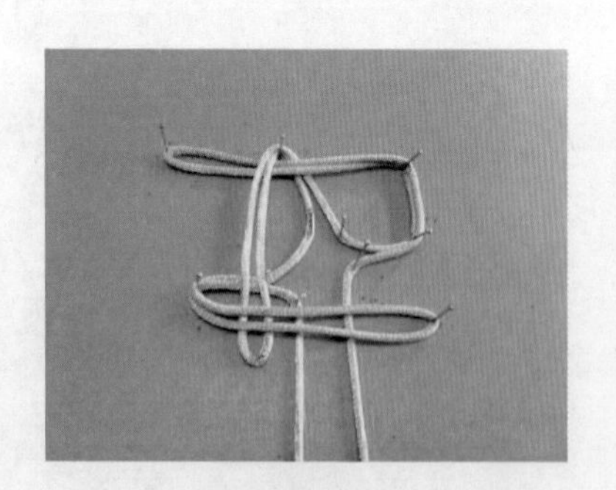

（7）如图依次将线绳按顺时针方向再穿一遍

（8）抽紧后如图，完成

学生作品

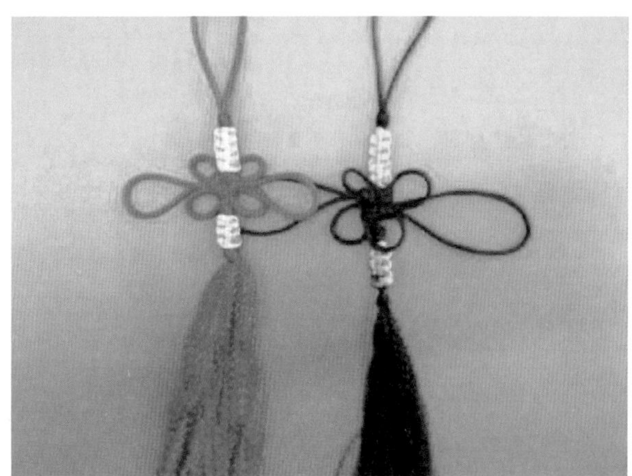

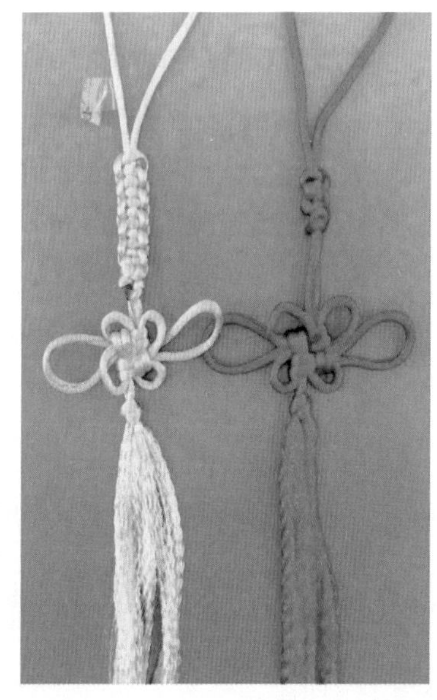

项目三　超轻粘土

任务一　超轻粘土基础知识

玩泥巴是孩子的天性，泥巴软软的质感以及随着揉搓不断变化的形状令每一个孩子欣喜。可以说，很多孩子的美术启蒙就来源于泥土，泥也似乎成了童年友谊的见证。到了我们上学的时候用的是橡皮泥，比泥土丰富的色彩更让我们爱不释手。那么，我们今天要学习的超轻粘土又有什么样的特征呢？

超轻粘土是一种新型环保的手工造型材料，相较于橡皮泥来说具有很多的优点，它具有光滑的表面、极轻的质量、干净不黏手、自然风干的特点。其色彩鲜艳，混色容易，易于操作，与纸张、木材等材质密合度高，可以包覆在其他物体上，轻松做出各种造型。干燥后还可以用水彩、水粉、亚克力、指甲油等上色，适用性很强，所以非常适合学生进行造型练习。

本项目的重点在于让学生了解超轻粘土的性质，教授学生超轻粘土的基本创作技巧以及构思的基本方法，并尽可能地运用多样的形式由浅入深地进行编写，如果蔬设计是从最简单的粘土造型入手，让学生感觉和熟悉超轻粘土的特性以及创作的基本方法，用简单可爱的造型激发学习兴趣。平面的粘贴画造型可以锻炼学生的构图能力和色彩搭配能力，培养形式美感。而立体的场景设计又能锻炼学生对三维空间的认识，培养全局观。手指偶的创作有利于培养对故事情节的提炼能力，让学生能用手中的超轻粘土塑造形式统一而又独具特性的粘土形象。笔筒设计让超轻粘土走进学生的学习生活，产生用自己的双手创造美的兴趣。这些知识点的学习有利于开阔视野和思维，让学生可以利用学到的知识自由地进行创作，培养学生的创造力和想象力。

教师作品

学生作品

《农家小院》　张妮

《脸谱》　张欣

《童年》　张嘉慧

一、使用超轻粘土的注意事项

（1）使用时如觉得干硬可喷洒少许水，如果掉色只需继续揉捏，粘土会慢慢吸收颜色。
（2）使用后要及时用保鲜膜密封保存，放于阴凉处，避免风干。

二、常用工具

超轻粘土主要通过拉伸、揉、捏、搓、压、刻、划、粘贴等手法造型，也可以用一些工具进行辅助操作，大的造型可以用纸团、牙签、泡沫、塑料瓶等充当骨架。

1. 超轻粘土专用工具

用塑料、木头或不锈钢等材料制作而成，有尖、圆、锯齿等造型，也可以利用牙签、笔头等手边的各种物件。

2. 泥工板

表面光滑洁净的板子都可以做泥工板，泥工板可以提供平整的平面，利于制作。

三、超轻粘土配色技巧

（1）两种或两种以上的色彩混合即可形成一种新的颜色。
红、黄、蓝为三种基本色，它们互相调和可以形成多种颜色。

（1）红和黄混合成橙色

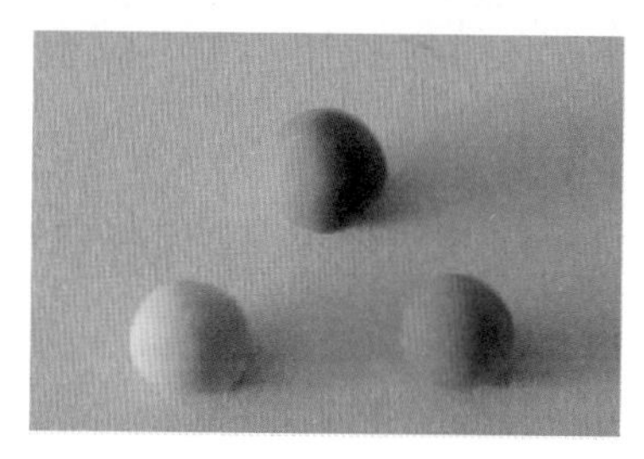

（2）黄和蓝混合成绿色

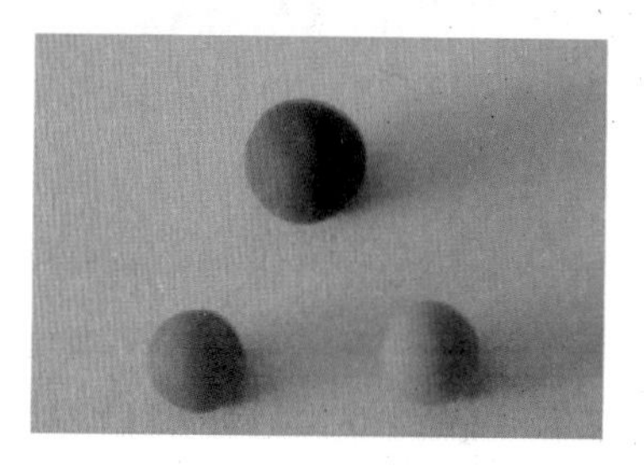

（3）红色和蓝色混合成紫色

（2）加入适量的白色或黑色，可使原本鲜艳的色彩变得粉嫩或沉稳。

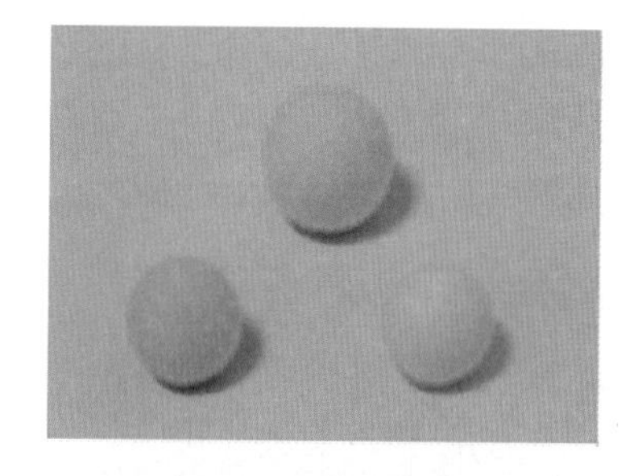

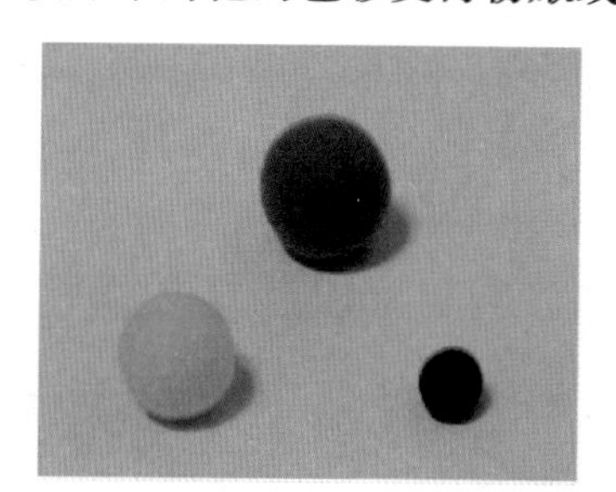

在实际调色的比例中，浅色的比深色的比例要大很多。

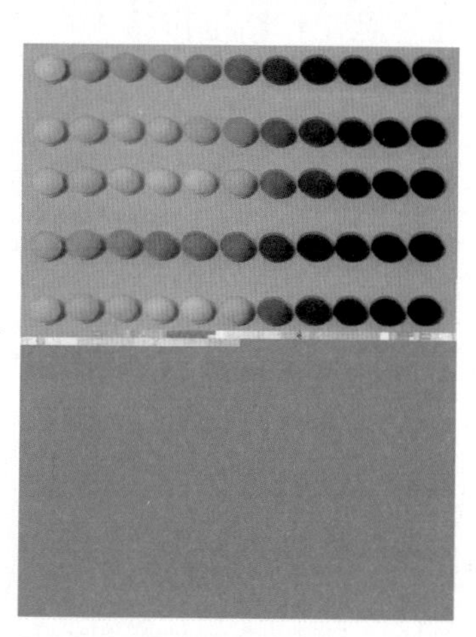

黑色与白色混合，形成灰色。黑色只要很少量，就可以将很大的一块白色超轻粘土调成灰色。一种颜色必须加入大量白色才可以提高它的明度，只需加入很少的黑色就会降低它的明度。

四、混色技巧

（1）多次拉伸、折叠、揉搓，可使粘土混色均匀

（2）两色或几色混合，经过少量的拉伸、折叠、揉搓，可出现特殊的混色效果

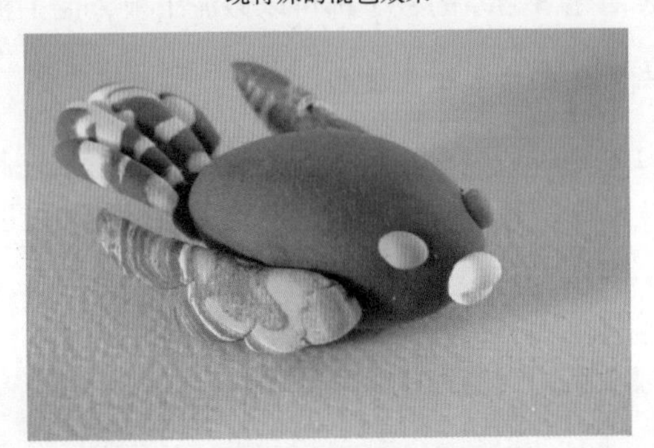

混色实例

五、超轻粘土基本形操作技法

超轻粘土的制作不同于泥塑，不适合用整块泥雕塑形象，而是需要将所做物件的各部位进行分解，然后用尽量简洁生动的几何造型制作各个部位，然后粘贴在一起，组合成形。

下面就具体介绍基本形的操作技法：

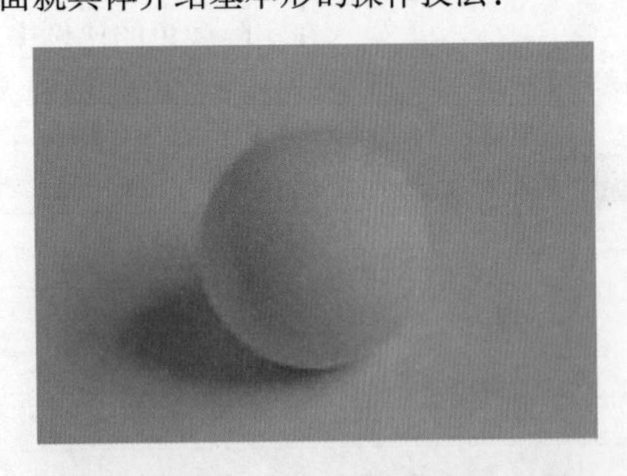

圆球状

先将粘土进行充分拉伸，然后用手掌反复揉搓成圆球状。揉搓时，应使粘土受力均匀，力量不要太大。可以说，圆球形状几乎是制作粘土作品的基础。

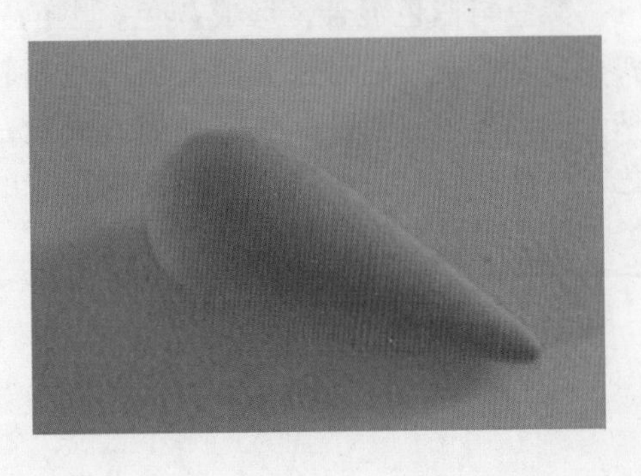

水滴状

先将粘土揉成圆球状，再将两个手掌相合，呈“V”字形，将圆球夹在手掌之间轻轻揉搓。因角度不同会揉出圆圆的小水滴或细长的小水滴。

梭形

制作出水滴造型后，在另一个方向再次用手掌轻轻揉搓。重复几次，使两端的尖头趋于一致。

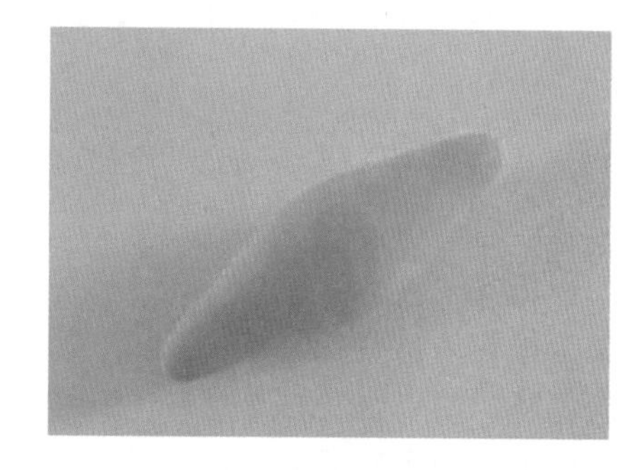

正六面体

先将粘土揉成小圆球状，再用双手的食指和大拇指，捏平圆球的四周，使之呈正方形。同样方法，反复捏平正方形的六个面，最后固定为正六面体形状。

圆柱体

先将粘土揉成圆球状，再将双手合在一起，夹住圆球轻轻揉搓，再用食指和大拇指按平两端即可。

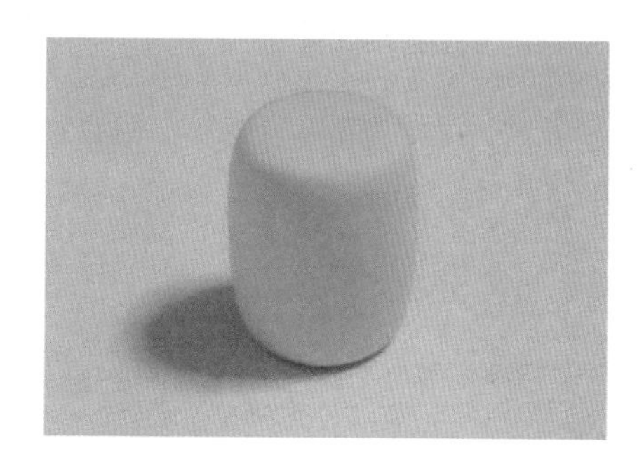

细长条

先将粘土揉成圆球状，再放在平整桌面上，利用手掌轻轻揉搓，使圆球逐渐展开成条状。揉搓时，用力均匀，使其慢慢延展。

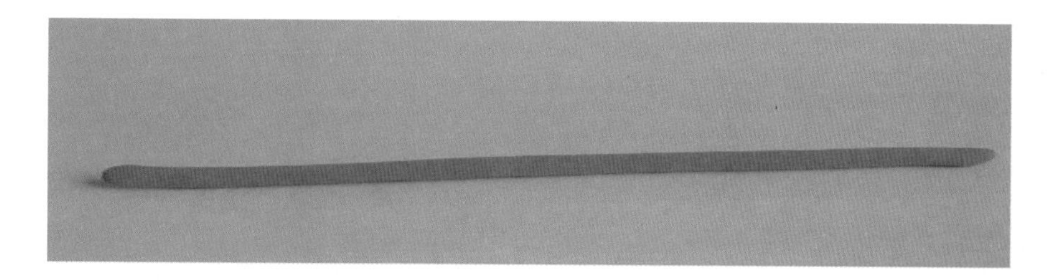

中空形

先将粘土揉成你想要的圆形或水滴形等形状，用手指或工具从中间均匀地边转边捏，可以做出各种外形的中空造型。

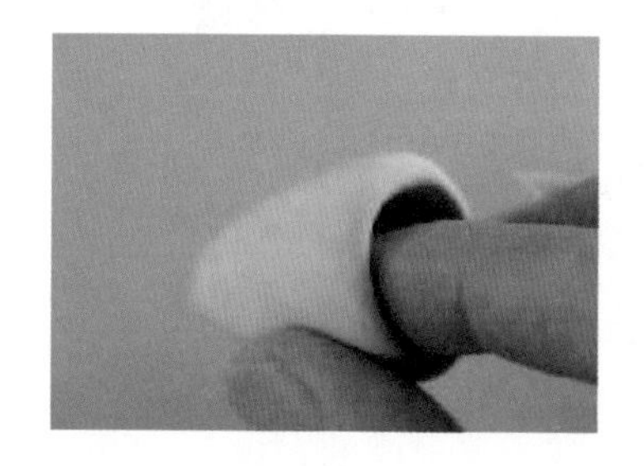
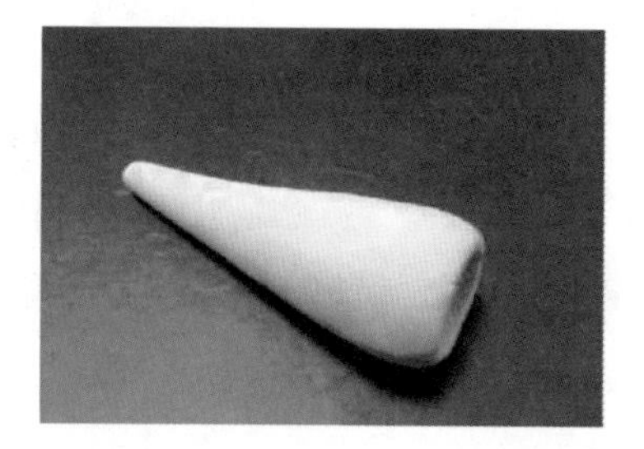

任务二 果蔬造型

超轻粘土很容易粘贴，遇湿易变形，很难拆除和更改，所以各部位黏合时要做到又快又准。

鲜艳的色彩、简单可爱的造型，对于刚刚接触超轻粘土的学生来说是最易于上手的，下面介绍用简单的基本形做出各种水果蔬菜。

一、球形做果蔬

1. 梨

（1）将粘土搓成球，调整成梨子形，顶端按压一个小洞

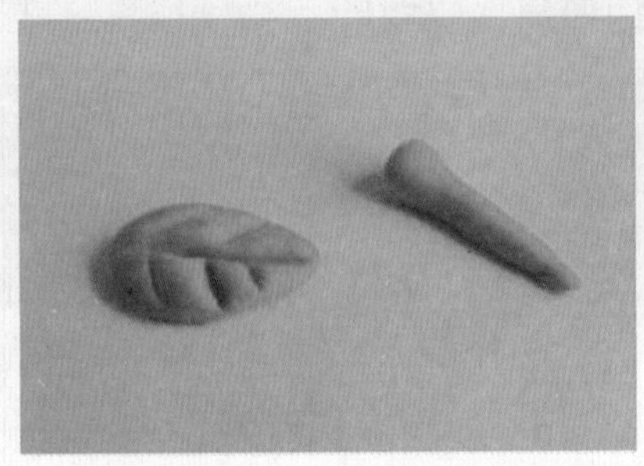

（2）加上梗和叶

（3）粘贴成型

2. 圆形为基本形的果蔬

二、水滴形做果蔬

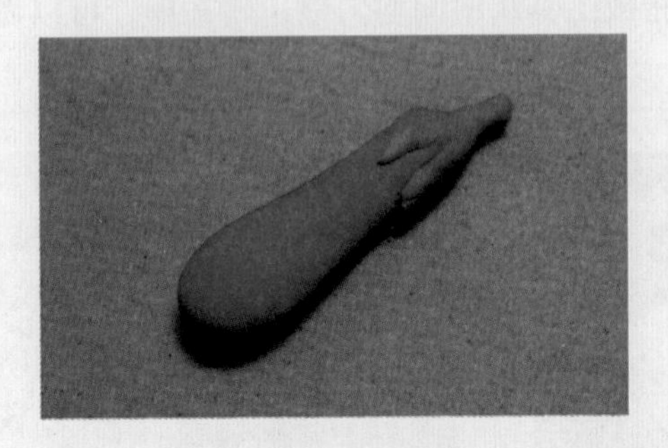

（1）茄子

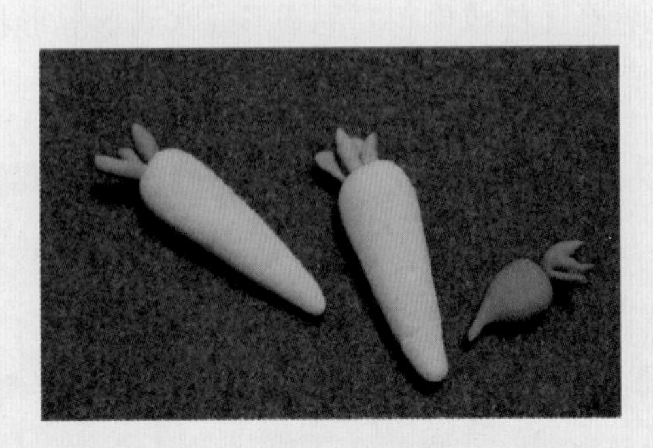

（2）胡萝卜、樱桃萝卜

1. 葡萄的做法

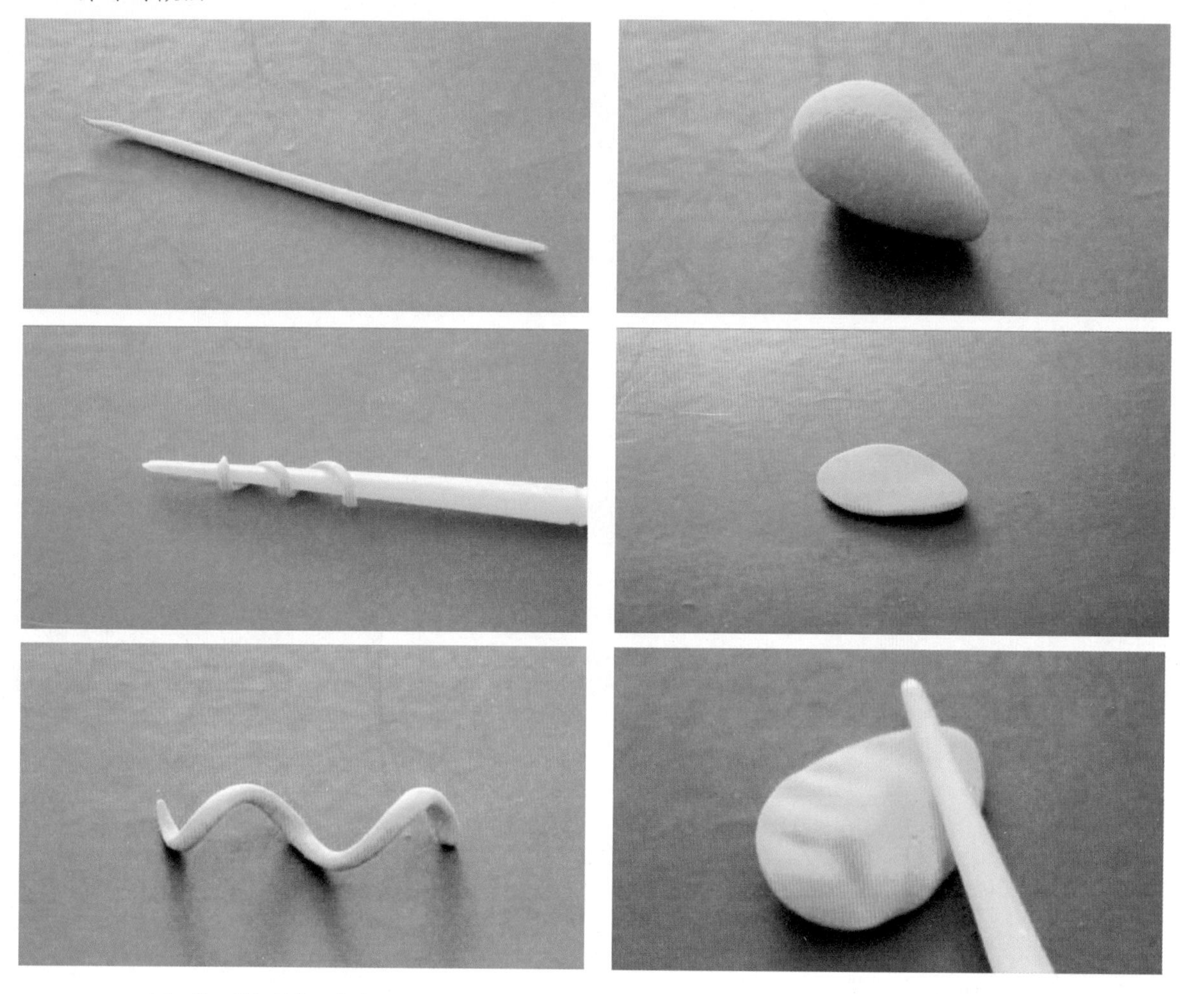

（1）搓一根细长条，绕在工具一端

（2）取一块绿色粘土，揉成水滴状，压扁

（3）用工具刻成叶片的形状，再用工具或手使形状自然，刻出叶脉

（4）用同样的方法做出另一片叶子，将两片叶子粘在一起，加上藤

（5）搓紫色大小不等的圆球，做出葡萄串

2. 果盘《游泳的小猴》的做法

(1) 取一块蓝色粘土，擀成正方形，沿边高出些许

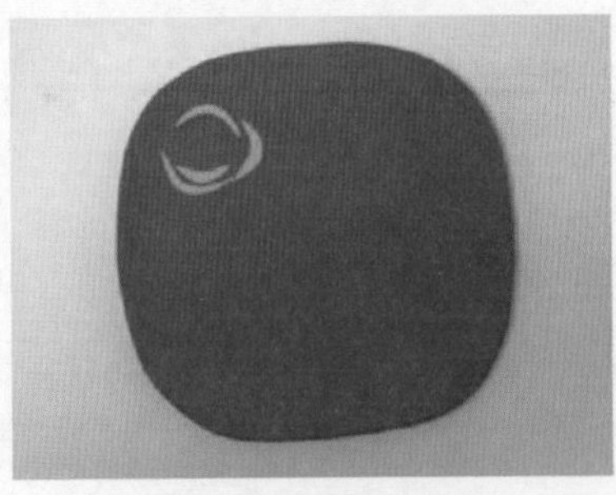

(2) 旁边添加淡蓝色弧形长条，做涟漪

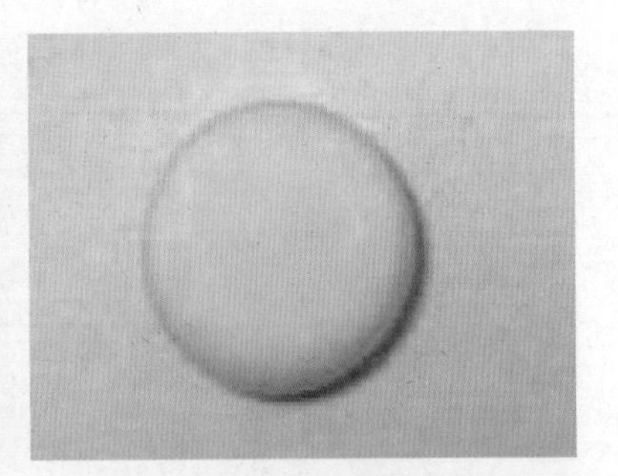

(3) 用黄色粘土搓圆压扁

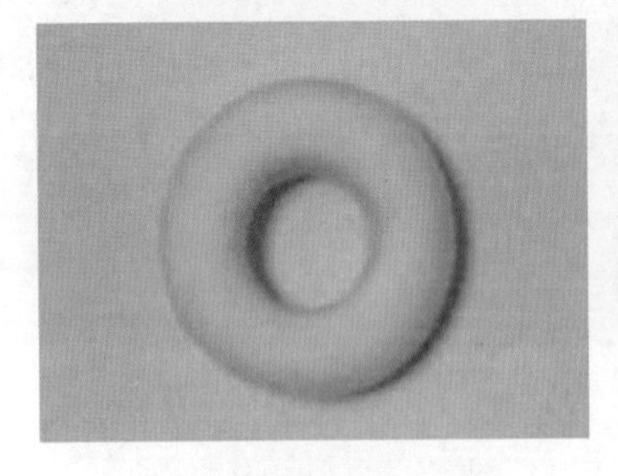

(4) 用工具压一个洞，调整成游泳圈的造型

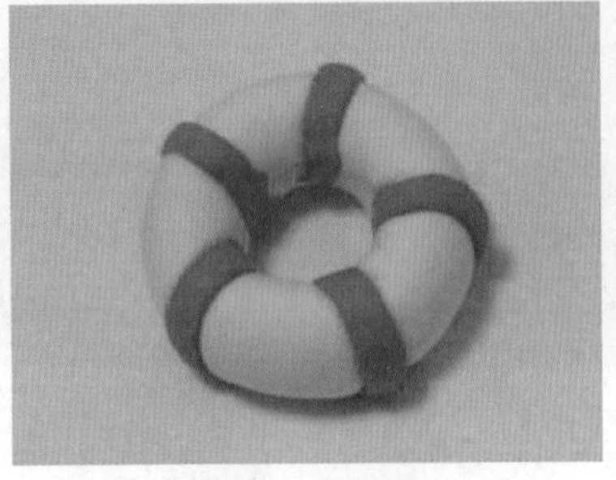

(5) 添加红色竖条做花纹

(6) 搓一个小圆做猴子的身体，放在游泳圈内

(7) 再搓小圆做猴子的头，取一块肉色粘土搓圆压扁，用工具调整形状，做猴子的脸

(8) 粘贴在身体上

(9) 添加耳朵、鼻子、尾巴、毛发

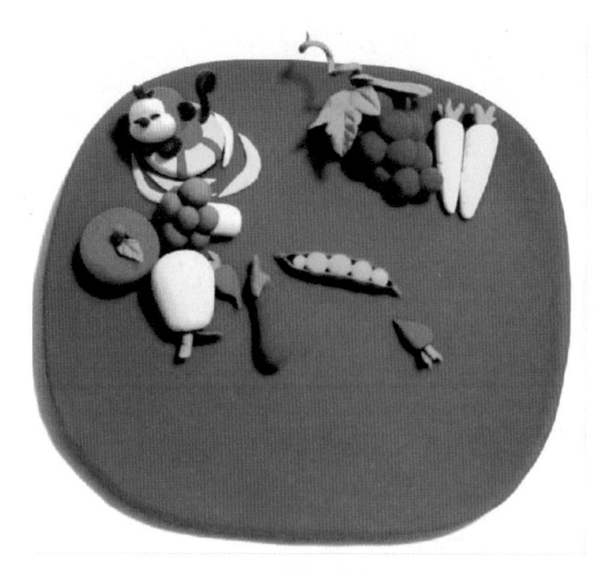

（10）完成

果盘的造型可以是多种多样的，在造型的过程中，可以摆脱传统果盘的造型观念，设计出具有特色的、独一无二的果盘。

教师作品

《荷塘》

学生作品

果蔬盘

作业：设计一个独特的果盘，用基本造型手法做出各种水果蔬菜。

任务三　超轻粘土粘贴画

超轻粘土与纸板、三合板等可以密切黏合，我们可以凭借这种特性制作粘贴画。用超轻粘土制作粘贴画的效果类似于半浮雕，半浮雕式是一种介于平面和立体之间的表现形式，它的表现方法是将立体的空间形式压缩，使画面具有层次及凹凸效果。

粘贴画的题材选择非常广泛，可以是风景也可以是人物或动物。它的表现手法丰富多彩，可以是写实的也可以是抽象的。

一般来说，粘贴画的制作可分为以下几步：

1. 确立题材

粘贴画题材没有限制，可以表现风景、动物或人物等。

2. 整体构思

在确定好题材以后，要对作品进行构思，确定主题，构想画面整体效果和气氛。做一幅小稿，确立构图，注意画面有主有次。

3. 设计形象

作为一幅作品，形象设计时要考虑到画面风格的统一和造型手法的一致。

4. 制作步骤

粘贴画遵从由下而上、先整体后局部的步骤。

5. 调整完成

观察整体效果，进行小的调整，使画面效果更统一、完整。

粘贴画——海底世界制作步骤如下：

一、海底背景制作

取蓝色粘土由下而上粘贴在三合板上，可以在蓝色粘土中逐步加入白色，由深至浅形成渐变。取黄色粘土搓长压扁成片状，用工具刻出珊瑚的造型，然后粘贴。

取绿色粘土搓长条压扁，用工具沿边向内侧轻压呈锯齿状轻轻扭转，粘贴，做水草。取紫色粘土揉成长水滴状拼贴摆放成珊瑚造型，增加层次感。

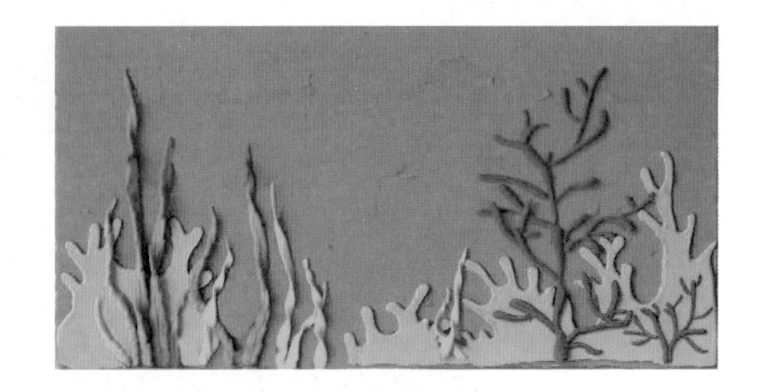

做出花色石头

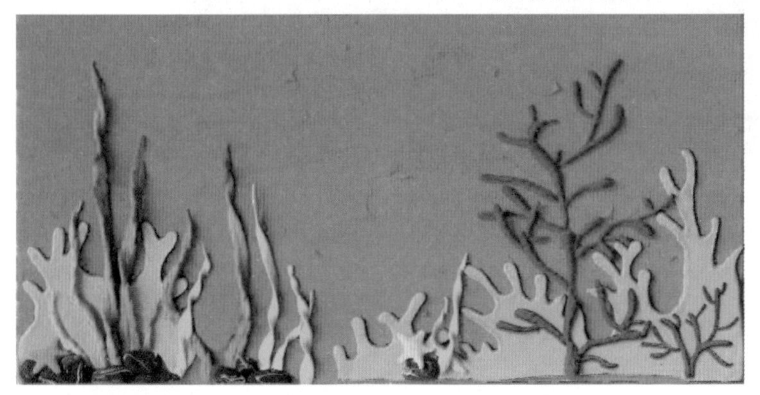

取赭色和白色粘土，用混色手法做出花色石头

做出乌龟、螃蟹、乌贼等造型

二、鱼的制作步骤

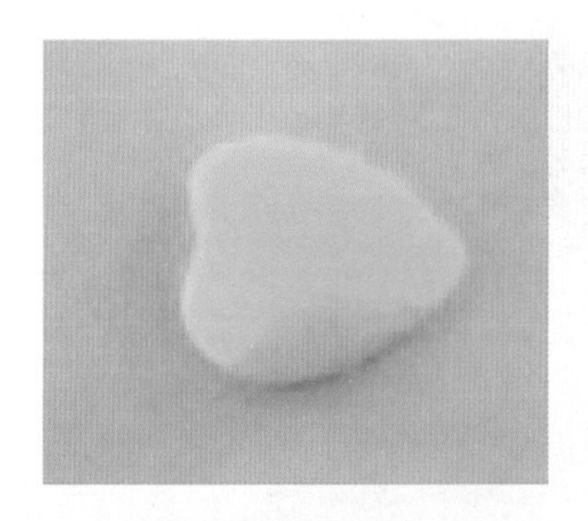

（1）取绿色粘土揉成水滴，用手按压成中间略高周围略低的造型

（2）做出背鳍、腹鳍和尾鳍

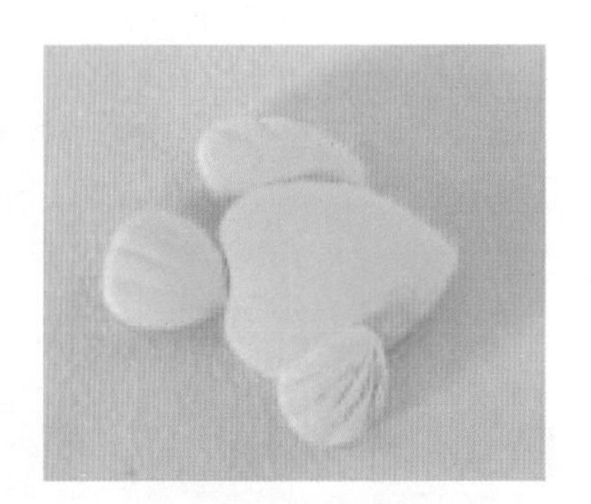

（3）用工具刻压出各部位纹理并进行组合

（4）用咖啡色粘土区分鱼头和鱼身，做出装饰性花纹

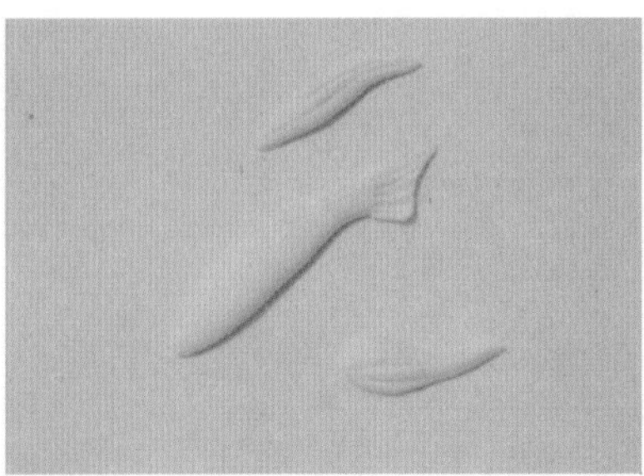
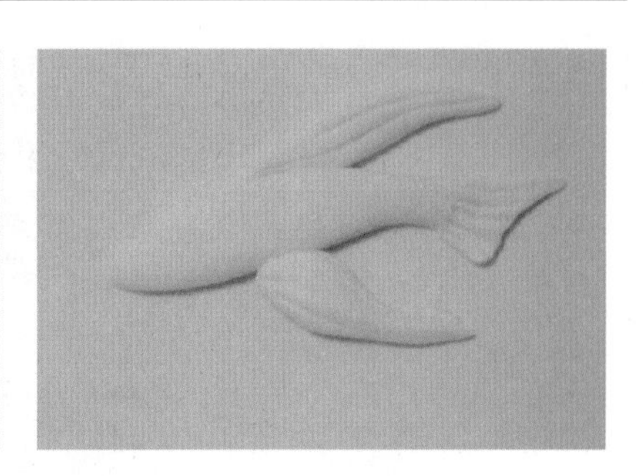

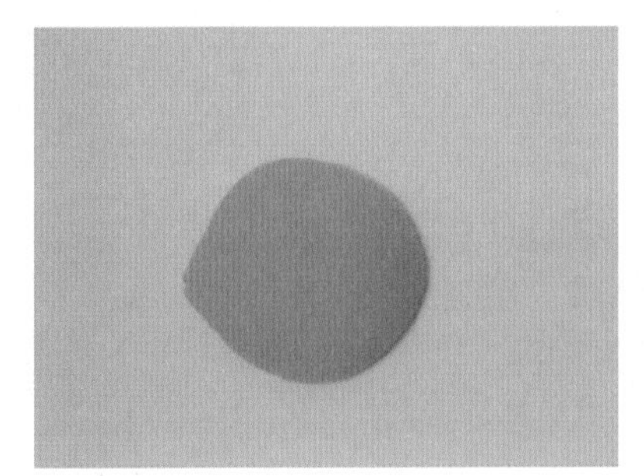

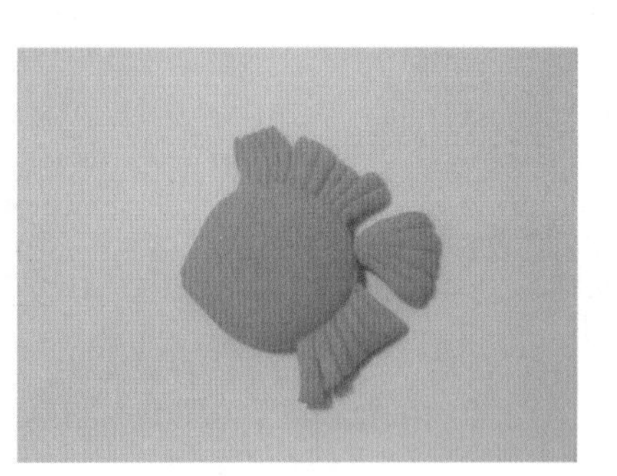

三、调整完成

教师粘贴画作品

沐浴

学生作品

作业：完成一幅超轻粘土粘贴画。

任务四　手指偶

手指偶作为幼儿园活动的教具，可以做成自然界的各种事物，成为幼儿认识世界的一个窗口，也可以作为讲故事的辅助教具，使幼师讲故事的过程更生动、有趣，更形象，帮助幼儿更好地理解和记忆。

顾名思义，手指偶指的是套在手指上的玩偶。所以，它必须符合以下几个特点：

（1）造型大小必须适合你的手型，不宜做得太大，以在五指上套上手指偶后互不干扰为宜。

（2）每一个手指偶都要有一个指套，也就是用超轻粘土做一个中空的造型，使手指偶能够稳稳地立在手指上。

（3）如果设计的是一个故事，首先要抓住故事最有代表性的瞬间，塑造最有个性魅力的形象。

手指偶——龟兔赛跑实例：

龟兔赛跑是大家耳熟能详的寓言故事，所以做“龟兔赛跑”之前先要分析形象的性格特征，然后设计造型，按步骤进行创作。

这个故事里的动物个性鲜明，不妄自菲薄，努力进取的乌龟；骄傲轻敌，最终失败的兔子。此外，还添加了公鸡做裁判，以及小猪和小猫做观众。

1. 乌龟

取各色粘土若干。

取白色粘土搓圆压扁空心，取绿色粘土做一个小的中空形。

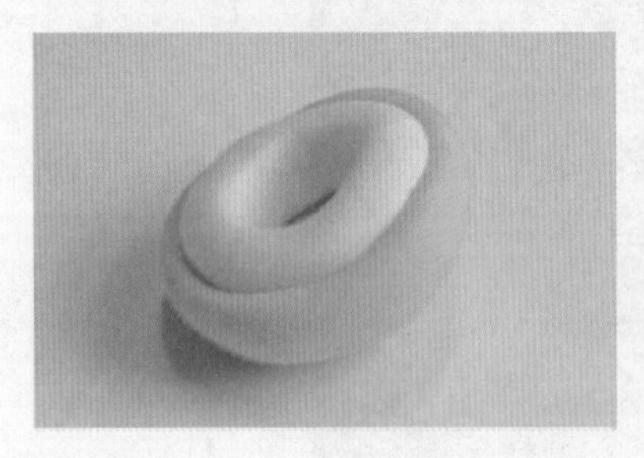

做指套成龟甲。

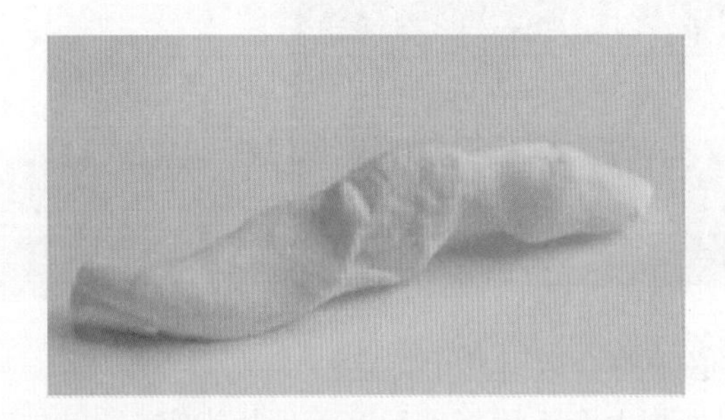

橘黄色粘土与白色粘土混合成肉色。

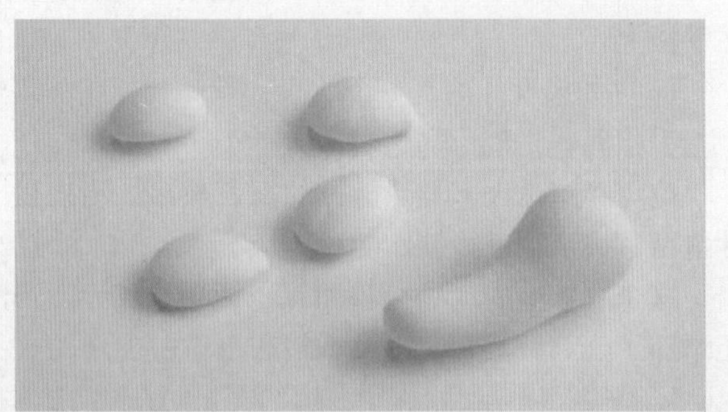

做龟头、尾及爪。

2. 兔子

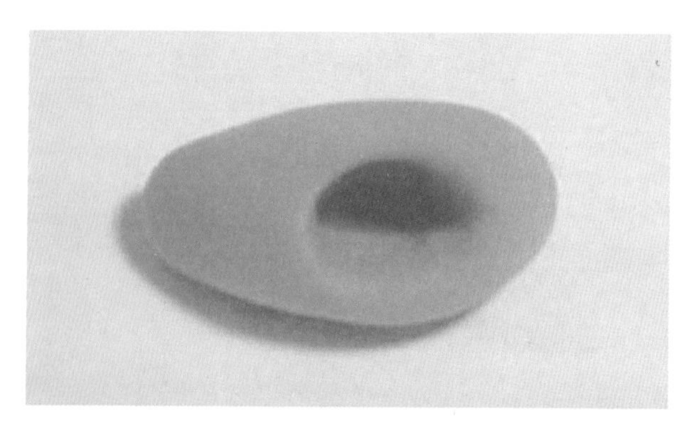

（1）用白色及少量黑色与蓝色粘土混合调配成蓝灰色

（2）做出兔子身体的造型，身体的部分做指套

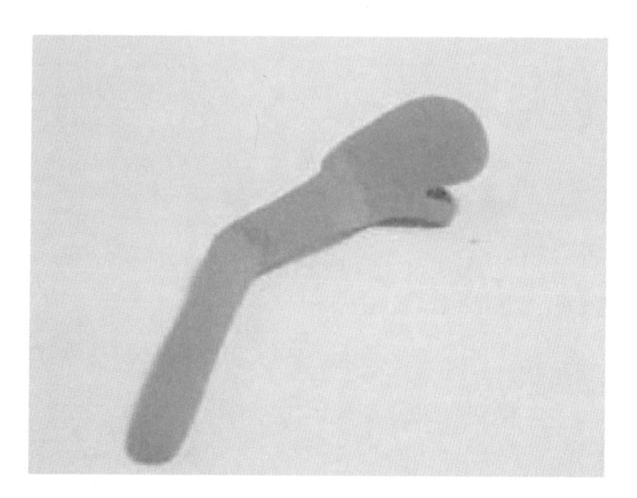

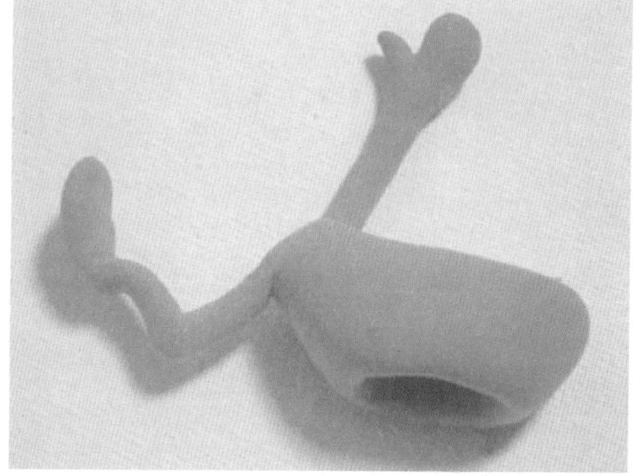

（3）做出手臂

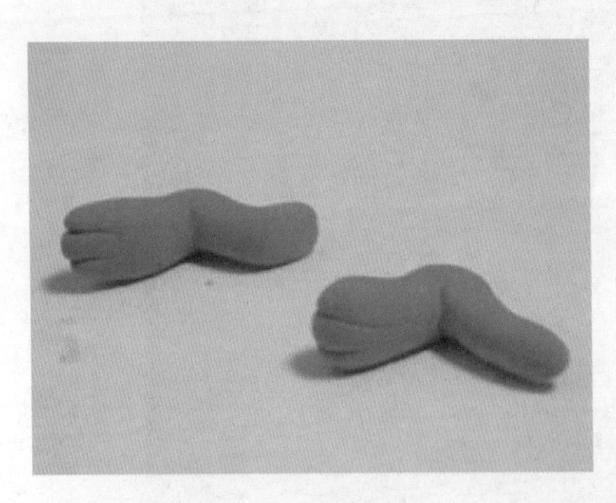
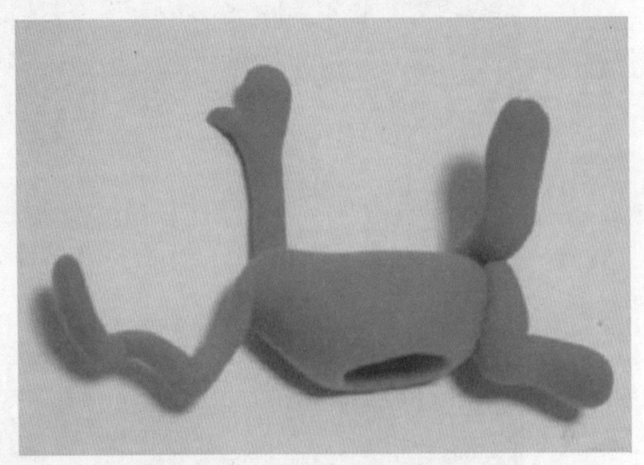

（4）做出腿部

（5）做出头部，粘贴五官

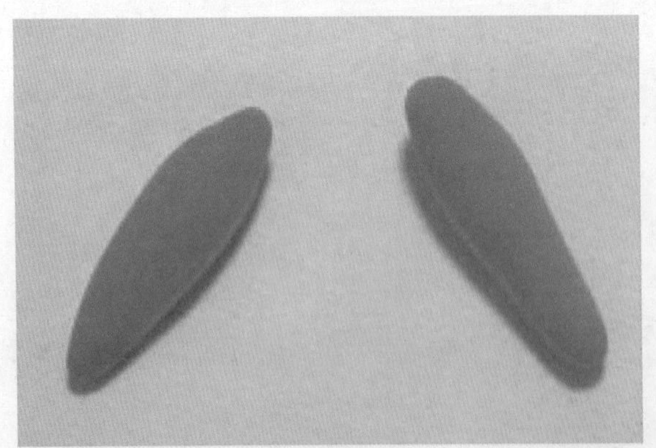
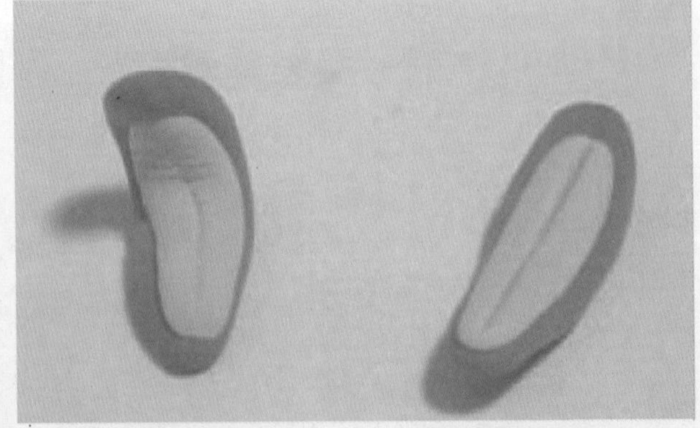

（6）揉搓水滴型，压扁，再用淡蓝色小水滴压扁，按压在一起，做出想要的形状

（7）添加细节，粘贴完成

3. 小猪

（1）橘色粘土做指套，添加花瓣装饰

（2）肉色粘土搓圆压扁做鼻子

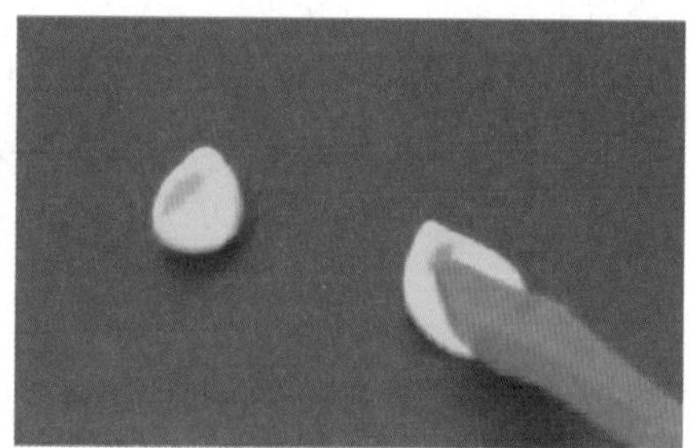

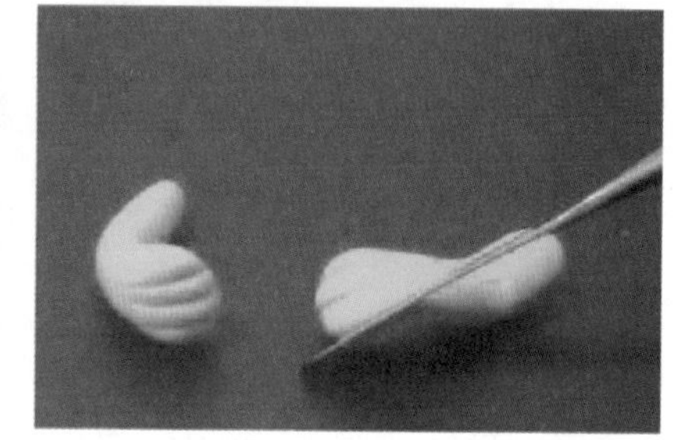

（3）揉搓两个小的水滴形，用工具做出耳朵的形状，做出手臂

（4）添加眉眼，粘贴完成

教师手偶作品

肉色和蓝色做指套

白色粘土做衣领，用牙签挑拨造型，加上手臂，搓圆球做头部

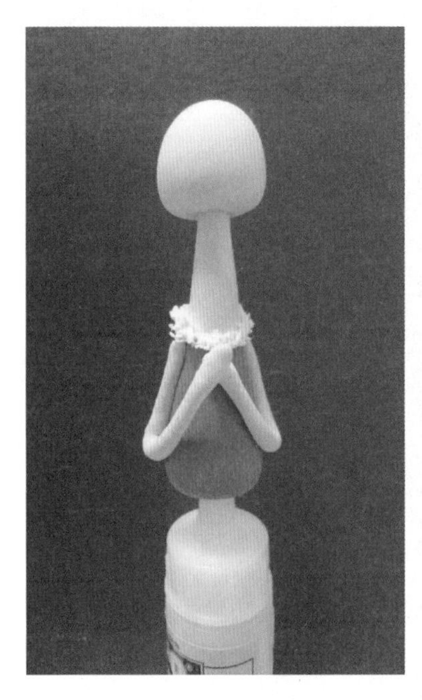

用工具压出眼窝，黄色做眼白，黑色粘土搓条做眼睑

用各种方式做头发

学生作品

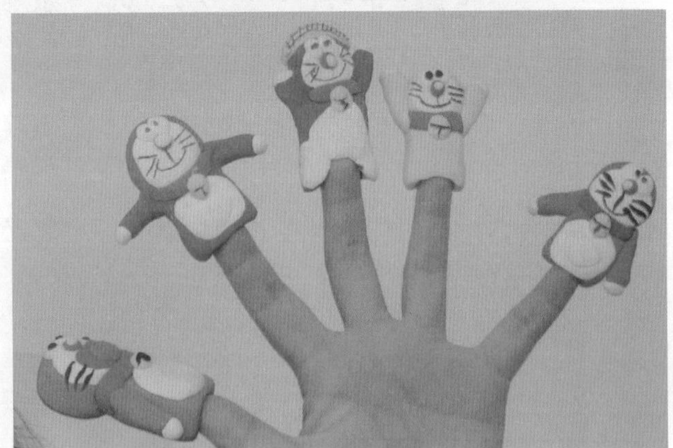

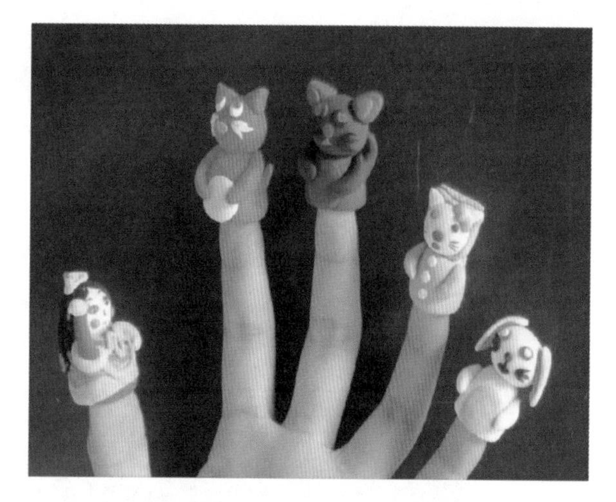

作业：自己设想一个故事，或是以大家耳熟能详的故事设计一套手指偶造型。

任务五　制作小笔筒

书桌上摆上亲手设计制作的笔筒是不是学习起来更有劲头呢？

是不是有很多用过的包装盒、果冻盒、易拉罐、卷纸筒内芯、一次性纸杯都作为垃圾丢弃了呢？拿过来作为笔筒的内胆很合适。笔筒的制作手法类似于平面粘贴画，运用各种手法就可以做出独一无二的笔筒。

作业：设计制作一个独具特色的笔筒。

任务六　场景设计

要想进行场景设计，首先需要了解什么是场景，场指的是某一个小段落，景指的是景物，场景是指某一场面，是某一个时间段的空间形象。因此，进行场景的设计要设计故事情节、主要角色、周围的环境、陈设道具等，这一切既要有创造性，又要有艺术性，还要符合整体情节的需要。

因为场景可以从任意一个角度欣赏，所以设计时要全面考虑，争取让自己的设计每个角度都是完整的，欣赏时每个角度都有细节。

场景设计一般来说可以从以下几个方面入手：

一、确定题材

题材的选择可以从两个方面入手：

（1）大家熟悉的寓言、童话、成语故事等。

（2）自己创编一个故事，设定一个场景，要求形象鲜明，主题突出，具有情节性。

二、构思场景

场景设计最重要的就是构思，构思是场景设计的灵魂，没有固定的程式和方法，但却有一个由不成熟到成熟的过程，需要大家不断地进行添加、删减、调整和修改，将自己对空间的设想尽量完美地表现出来。

三、制作步骤

（1）用三合板或泡沫板作为托板，用粘土做出你想要的环境。
（2）设计出各种形象，按照之前的构思安排好。

四、设计形象

(1) 写实风格，尽量还原物的真实样貌，造型严谨。
(2) 夸张风格，尽量加入自己的想象，做出有特色的、有创造力的作品。
(3) 利用动作、表情等特征塑造形象，表达情绪和情感。
(4) 利用周围环境和道具渲染气氛，表现情节。
下面是一些形象设计的基本制作方法，触类旁通，可以设计制作出自己喜爱的形象。

1. 河马

(1) 取红色粘土搓成圆形，用工具压出造型

(2) 用工具压出眼窝、鼻孔、嘴巴

(3) 取红色粘土搓成水滴形，用工具按压，如图做出耳朵，白色圆球做眼珠，再做牙齿和装饰花朵

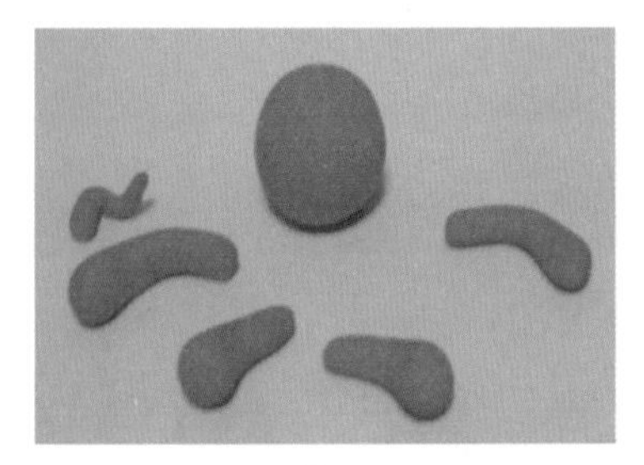
(4) 做出身体、四肢及尾巴

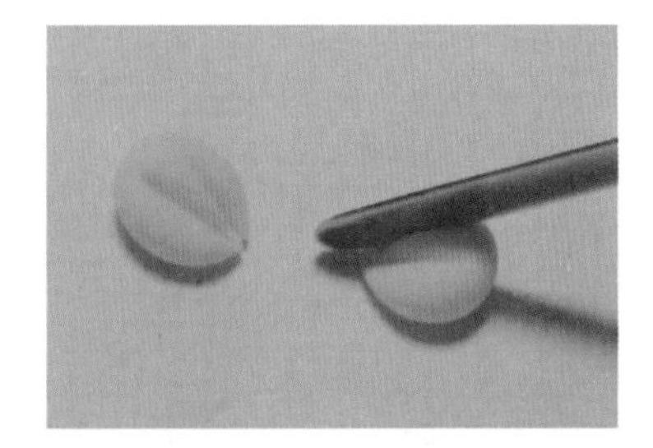
(5) 搓黄色小球用工具压出造型

(6) 中间用红色连接成蝴蝶结造型

(7) 挤接在一起

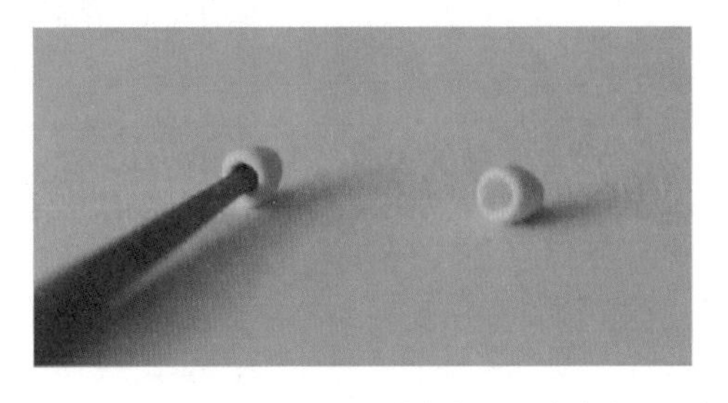
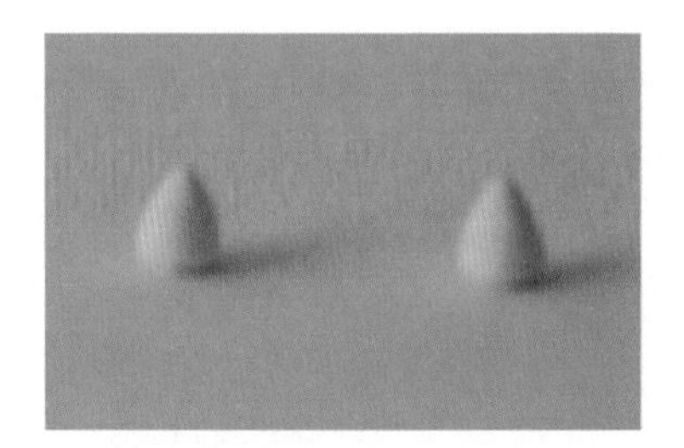
(8) 黄色粘土搓成水滴形，中间压空做成铃铛

（9）完成

2. 长颈鹿（做法同河马）

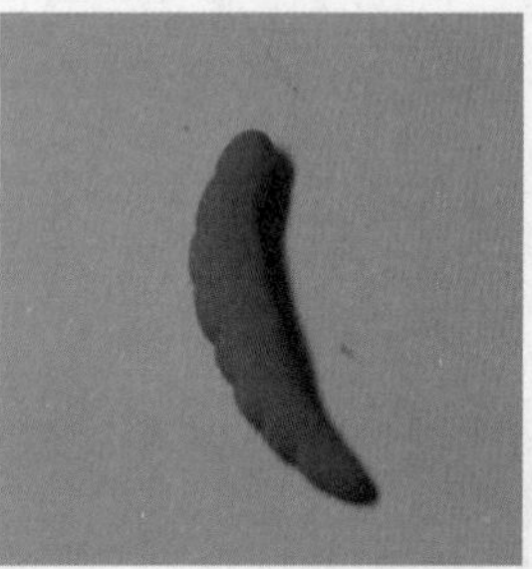

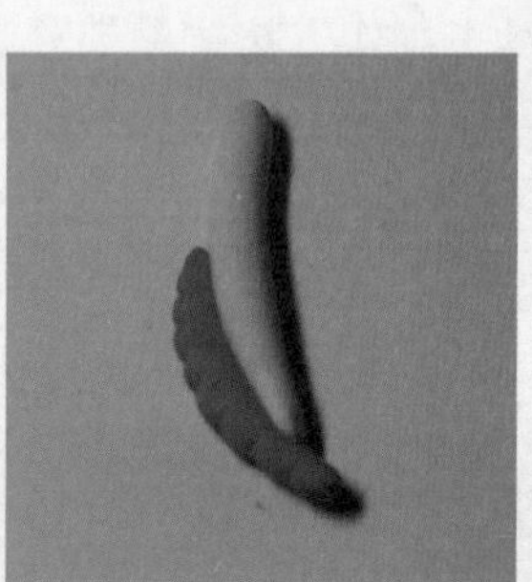

3. 蛇

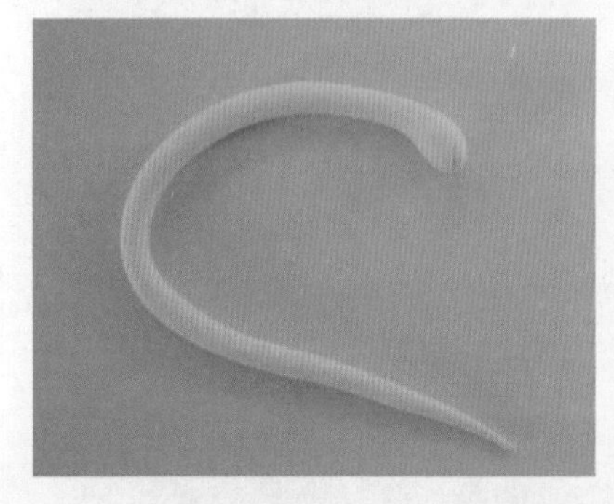

（1）取黄色粘土搓成长条，头部较圆，尾部细长

（2）将长条盘出卷曲的造型

（3）取紫色粘土搓成梭形，白色圆球压扁成圆形，用工具戳出小点

（4）用工具压出线条如花瓣形

（5）搓绿色细长条

（6）粘上花蕊和花瓣，完成

4. 狮子

（1）狮面

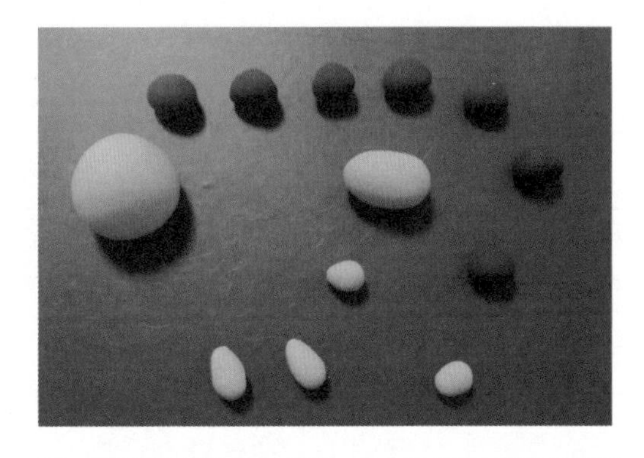

（2）肉色粘土搓出脸、鼻子，白色粘土搓出眼球及胡须

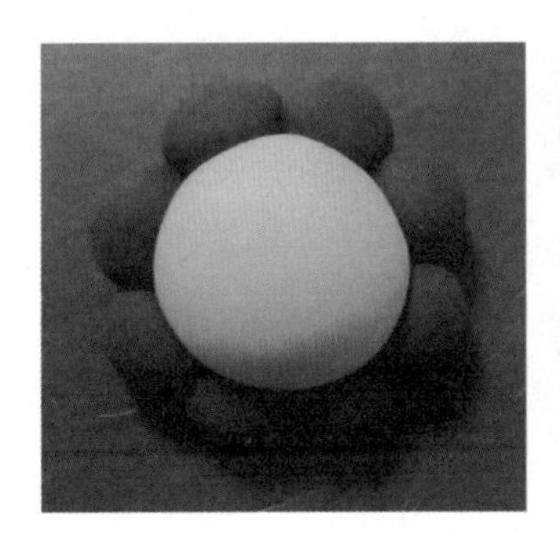

（3）褐色粘土做出鼻子及鬃毛

（4）肉色粘土做出身体、四肢、尾巴，尾巴上加上一点褐色粘土

（5）狮身

（6）拼接完成

学生作品

章玲玲作品

方小风作品

吴丽娟作品

张欣作品

余定作品

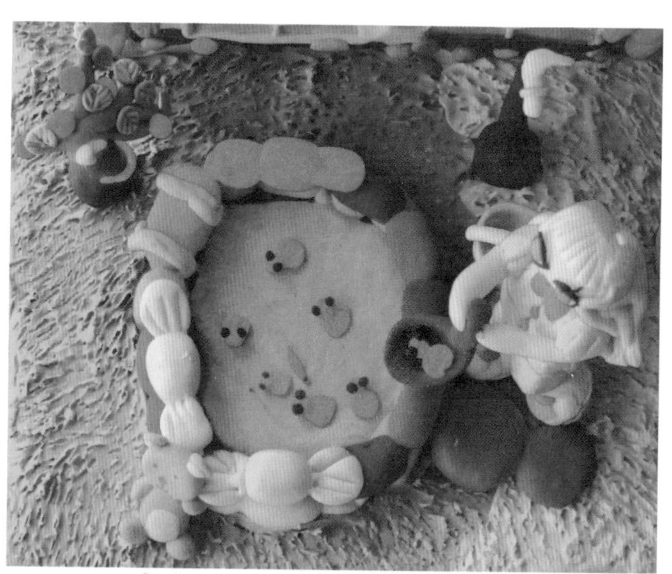

鲍金玲作品

汪莹作品

项目四　百变小布头

任务一　布贴画

布贴画是一种民间美术形式，是用各种布料通过剪贴而制成的画，是一种变废为美的工艺制作。平时将边角料收集起来，通过观察和思考，将其拼摆、裁剪、整理、粘贴成图画，可获得较好的视觉效果和欣赏价值。因为布料质地、纹理、色彩各不相同，所以布贴画的制作过程非常具有趣味性，当布料和你的构思相契合时，会产生意想不到的效果。布贴画通过教学制作活动，对提高学生的动手能力、陶冶学生的情操、发展审美感知和审美创造能力具有较好的促进作用。应将如何引导学生联想、如何展开审美创造贯穿于整个教学过程。

布贴画的制作方法

（1）构思。根据自己的爱好和特长来构思。不但要体现出画的特点，还要根据布贴画的特点进行构思。

（2）确定好主题后，用纸画好图样。

（3）根据主题所反映的内容选用相应质地、色彩的布料。

（4）将事先画好的各个部分形象分解成单独的个体，分别拷贝下来，然后用剪刀沿形象的轮廓线剪下来，粘在底板上。再用其他布料剪出细小的部分，也同样粘好。

（5）注意布贴画看的是整体效果，色彩搭配要合理。不要过于细小，否则制作起来较困难。

1. 布贴画《夏夜》的制作过程

（1）构思确定铅笔稿。

（2）因为一块很美的碎花布，看起来很像繁花满枝。所以又挑了一块和碎花布的底色同色系的布料粘贴，碎花布的底色与纯色布料剪出的树干轮廓融合在一起，看起来像夜空，显得温馨祥和，整个画面的色调得到了统一。

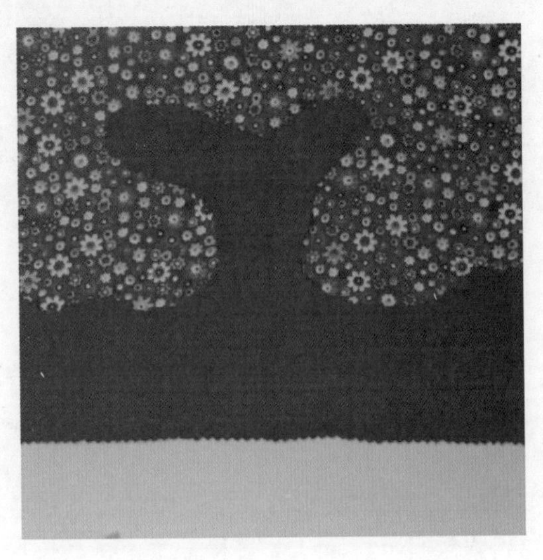

（3）用纯黑色的布剪出枝干，既是画面的重色，又增强了夜的气息。树根下面添加一些碎花布，与上面呼应。

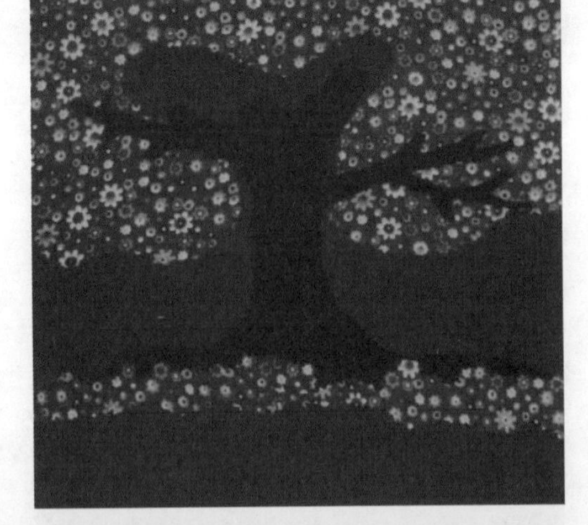

（4）一个个贴好人物、栏杆、小门窗，形成点、线、面组成的有节奏感的画面。因为有碎花布，所以其他地方用了格子和纯色，形成画面的层次感。

（技巧：可以用笔画在布料上，注意要画在反面上。还可以先画在纸上，再粘在布上剪下来。如果造型能力较强，这一步骤可以省略，直接在布上剪出轮廓）

2. 布贴画《小老鼠上灯台》的制作过程

有一首耳熟能详的童谣：“小老鼠，上灯台，偷油吃，下不来，叽里咕噜滚下来”。

这是一首传统民谣，描述的小老鼠诙谐可爱，所以选用传统的红底绿花棉布作为主色调，来增加民间美术的韵味。

教师作品

拿到这块布以后发现其中一块纹理非常神似人物的脸部，于是创作了这幅布贴画。

风景画中的景物以树木、房屋、山水等为主，根据手中的布料形状、颜色、花纹等特点，确立以哪种景物为主进行表现。

要巧妙地利用布料的形状、颜色、花纹进行剪裁。注意只剪裁大形，不拘细节。如用各种类圆、类方等不规则基本形花布或格子布做树冠，组成姿态各异的树、房屋等。同时要考虑画面色块的搭配，如冷暖、深浅纯色与花色等。

景物在粘贴的过程中，要先粘贴远处景物，再粘贴近处景物，最后粘贴点缀物，适当交叠并反复调整至满意为止。

作业：制作一幅风景、动物或人物布贴画。要求构思巧妙、主体突出，注意色调和色块深浅搭配。

学生作品

毕赛《暮归》

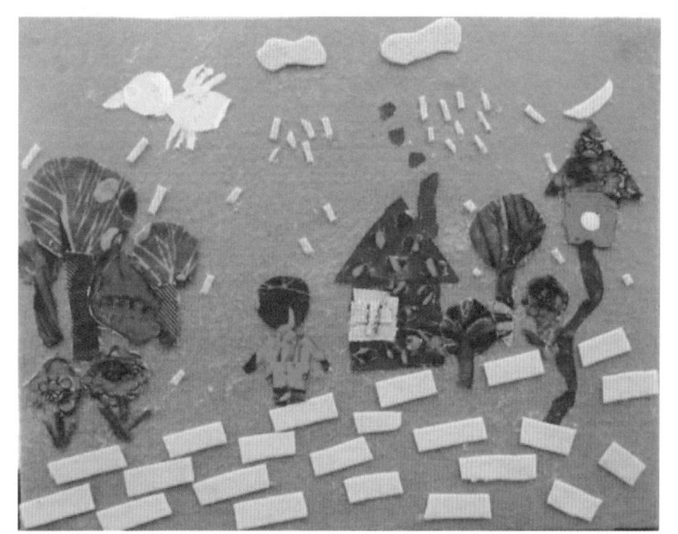

郑舒红《雨》

张妮《远山如黛》

吴丽娟《夜的节奏》

任务二　基础针法

一、平针缝

（1）从背面出针

（2）在适当距离由上往下入针

（3）均匀的重复

（4）缝好后的效果

二、回针缝

（1）从背面出针

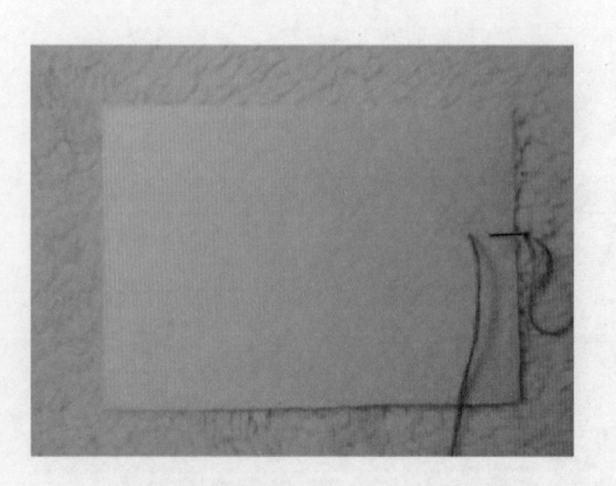

（2）隔适当距离往后由上往下入针

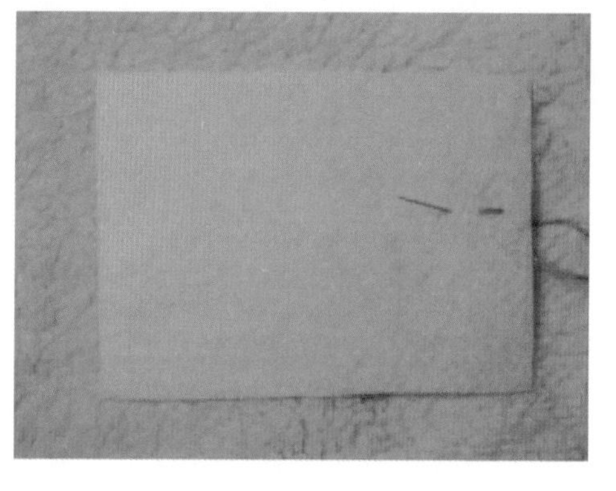

（3）在适当距离出针

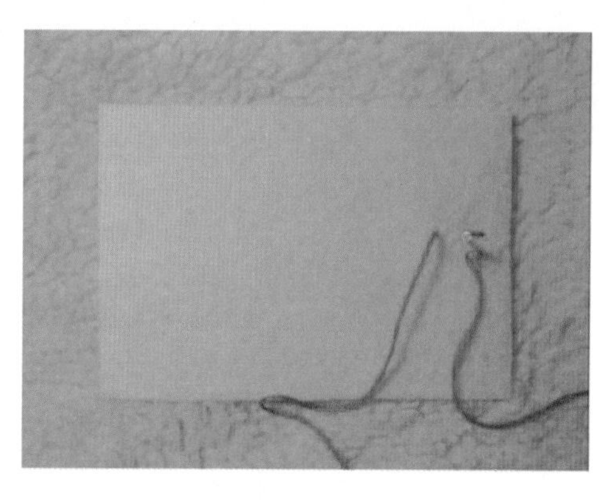

（4）再由第一针出针处入针

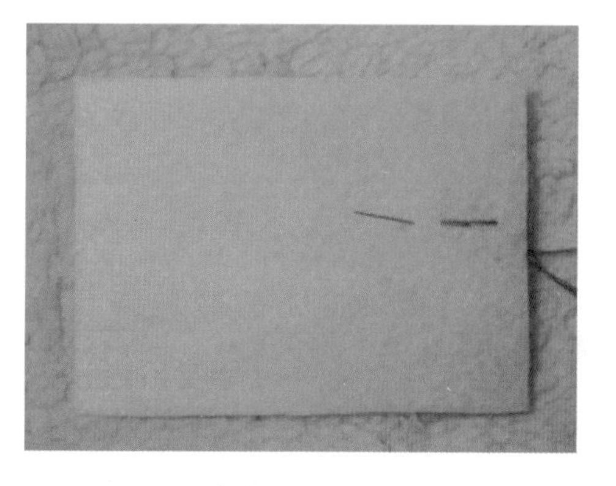

（5）重复前面步骤至所需长度

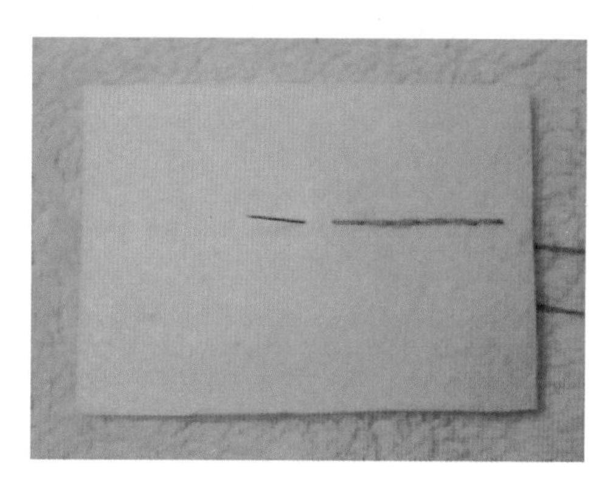

（6）缝好后如图

三、藏针缝

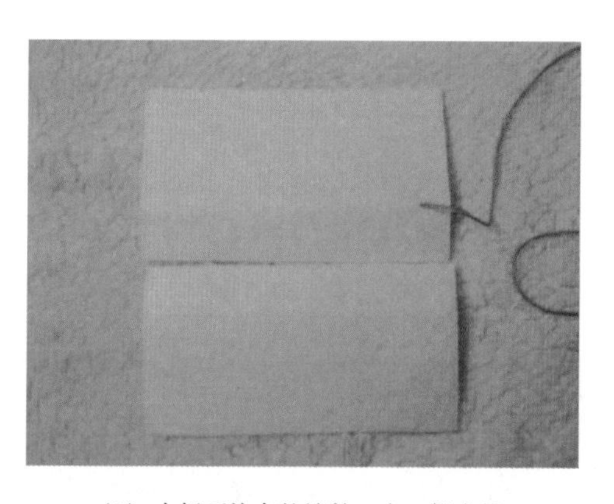

（1）内折两块布的缝份，由一侧出针

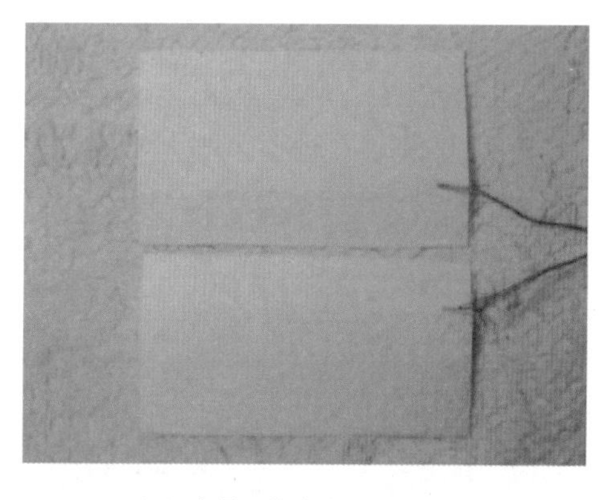

（2）在另一块布由上而下入针

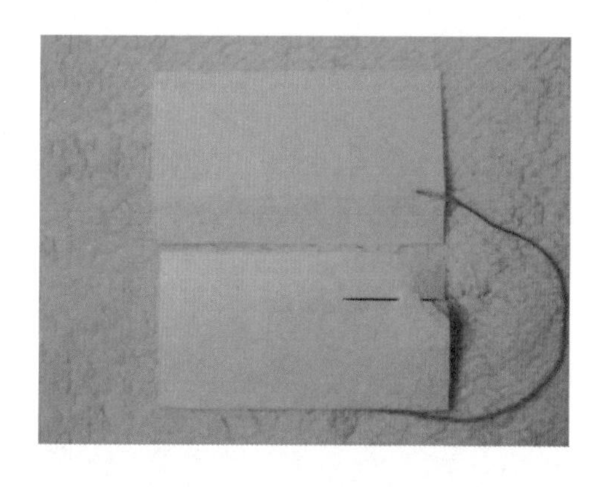

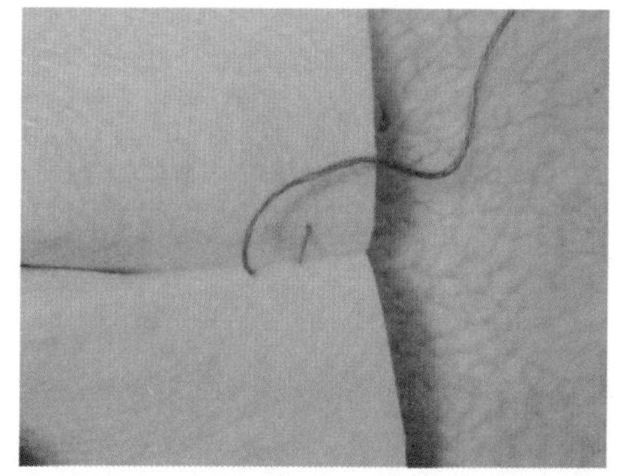

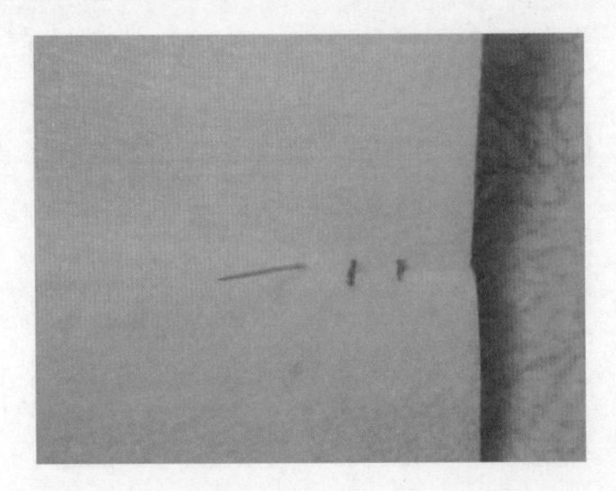

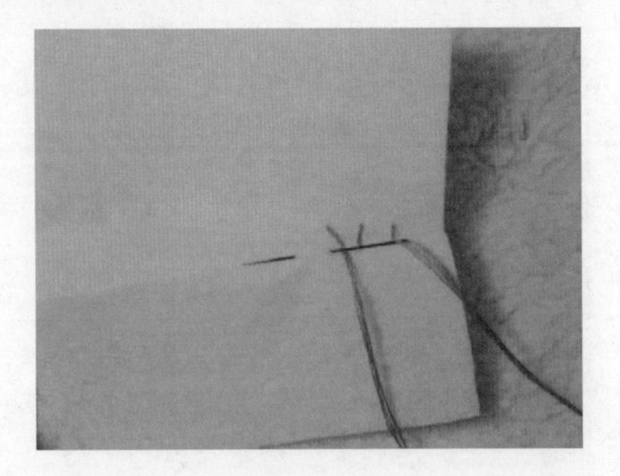

（3）用平行的内针走方式缝合

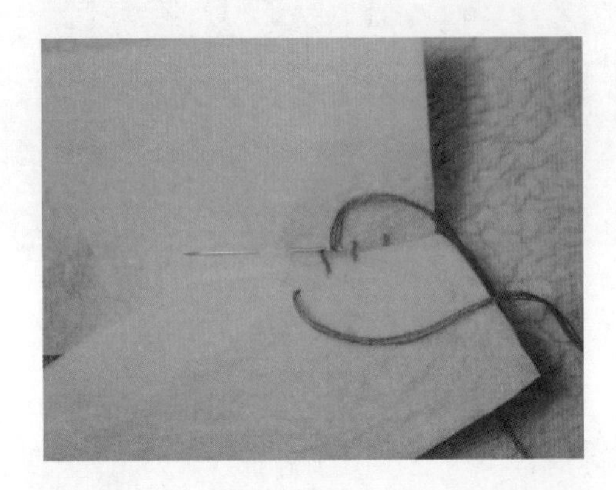

（4）拉紧后如图，看不出针脚

四、绕针缝

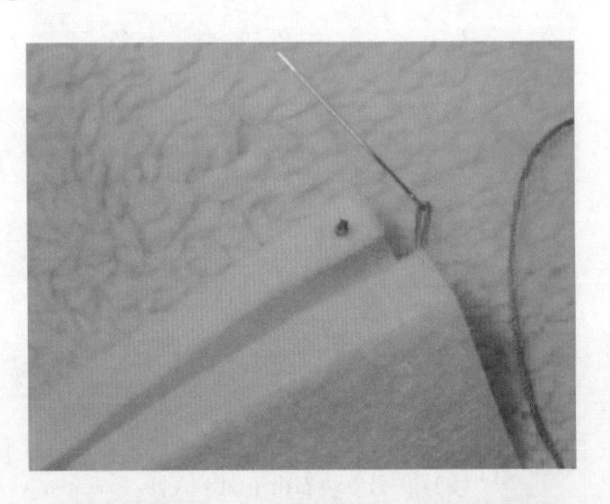

（1）内折缝份后，从缝份处入针，使始缝结隐藏

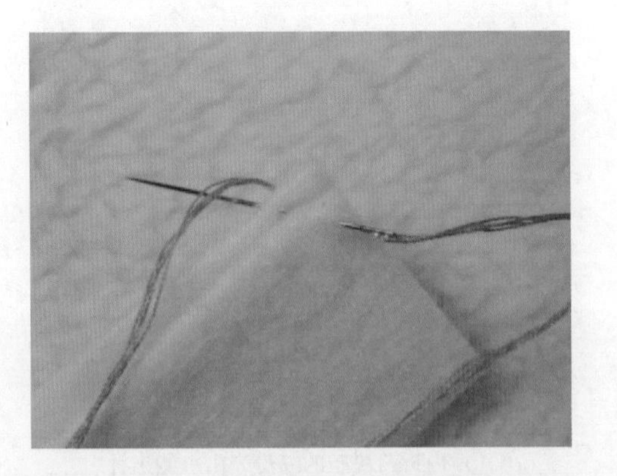

（2）如图，由前片布向后片布斜方向入针

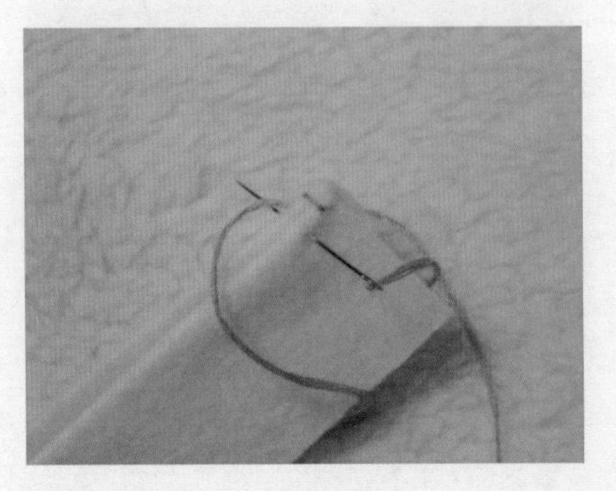

（3）重复步骤

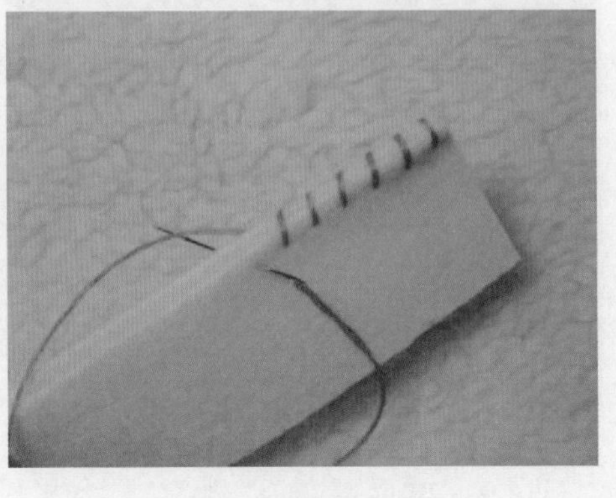

（4）线在针的上方

五、锁边缝

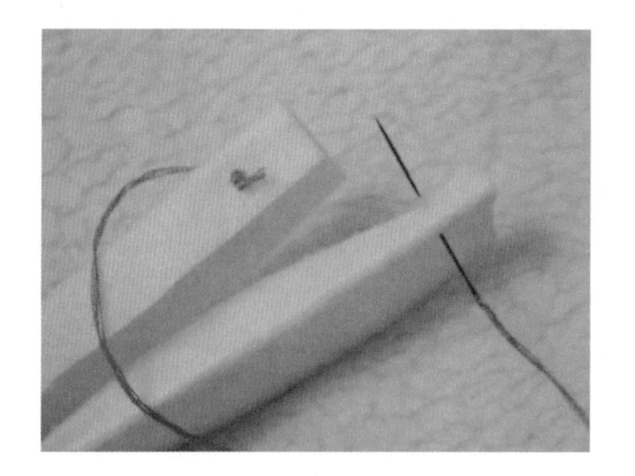

（1）由后片布入针穿出前片布

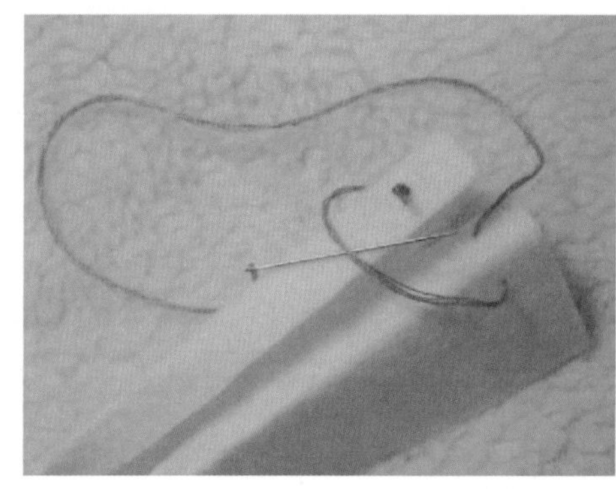

（2）针头转个弯拉出

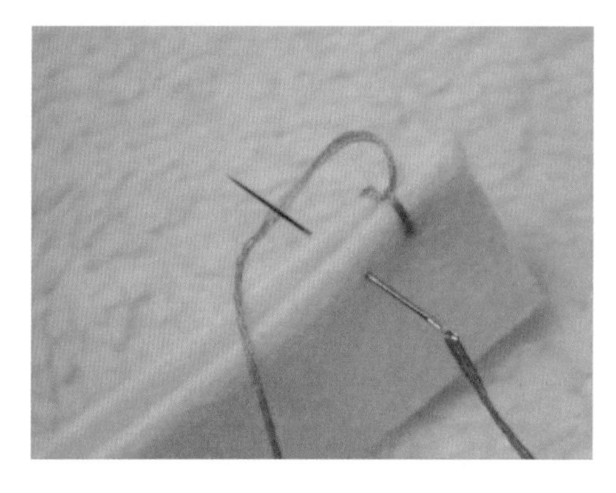

（3）线在针的下方

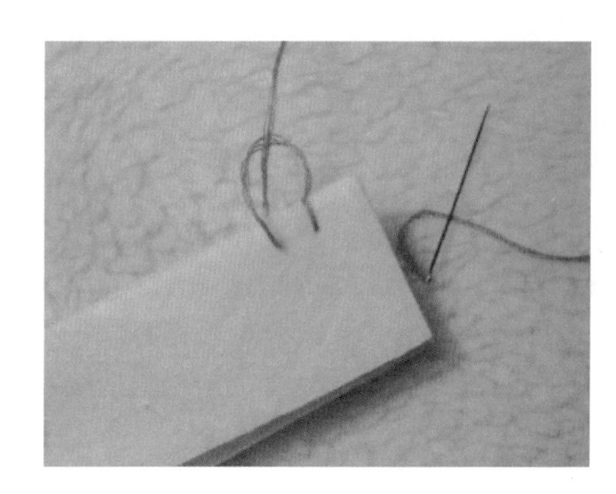

（4）拉紧

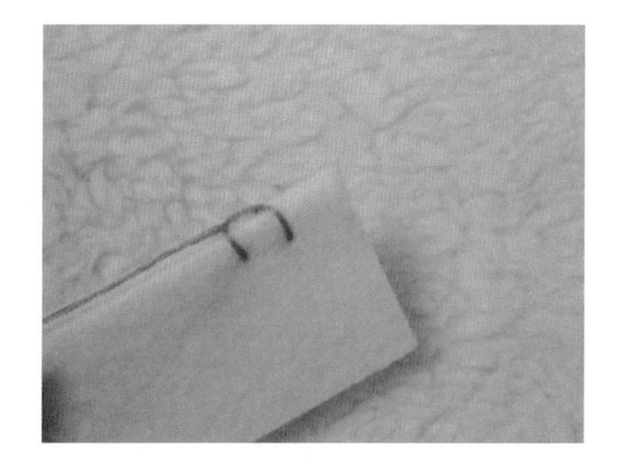

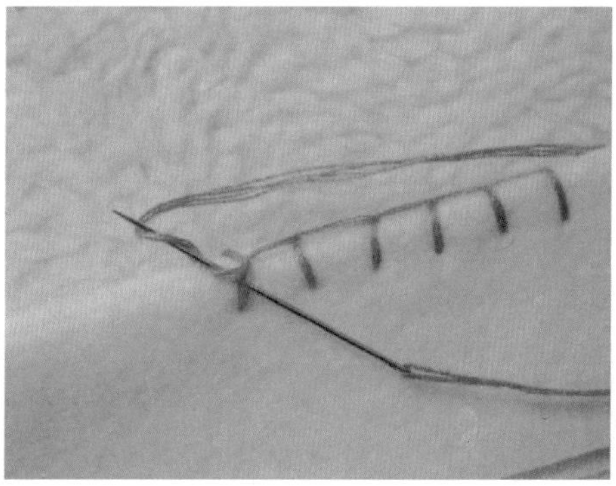

（5）打止缝结

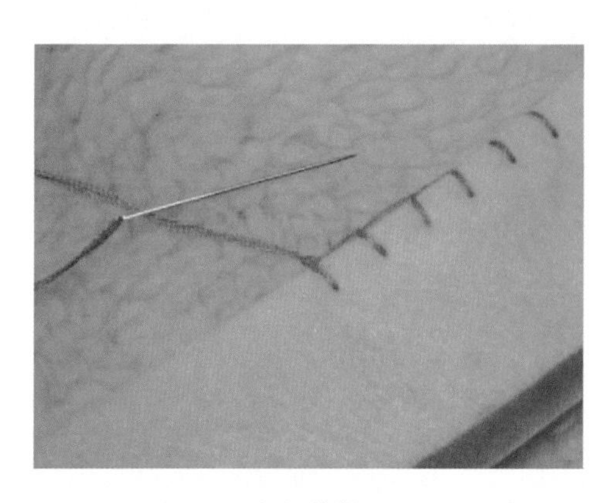

（6）拉紧

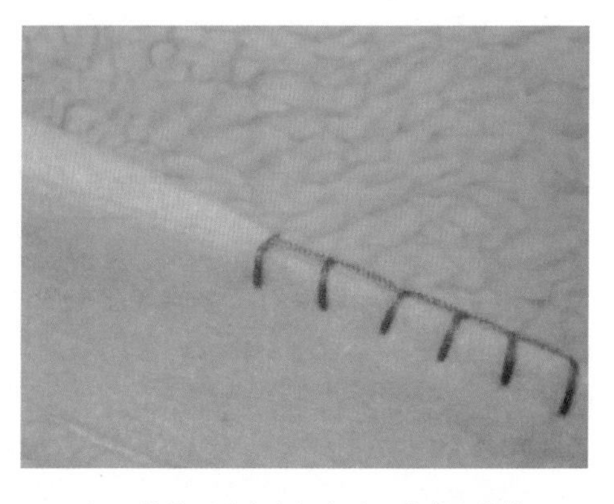

（7）针从两片布之间穿过，隐藏止缝结

六、基本绣法

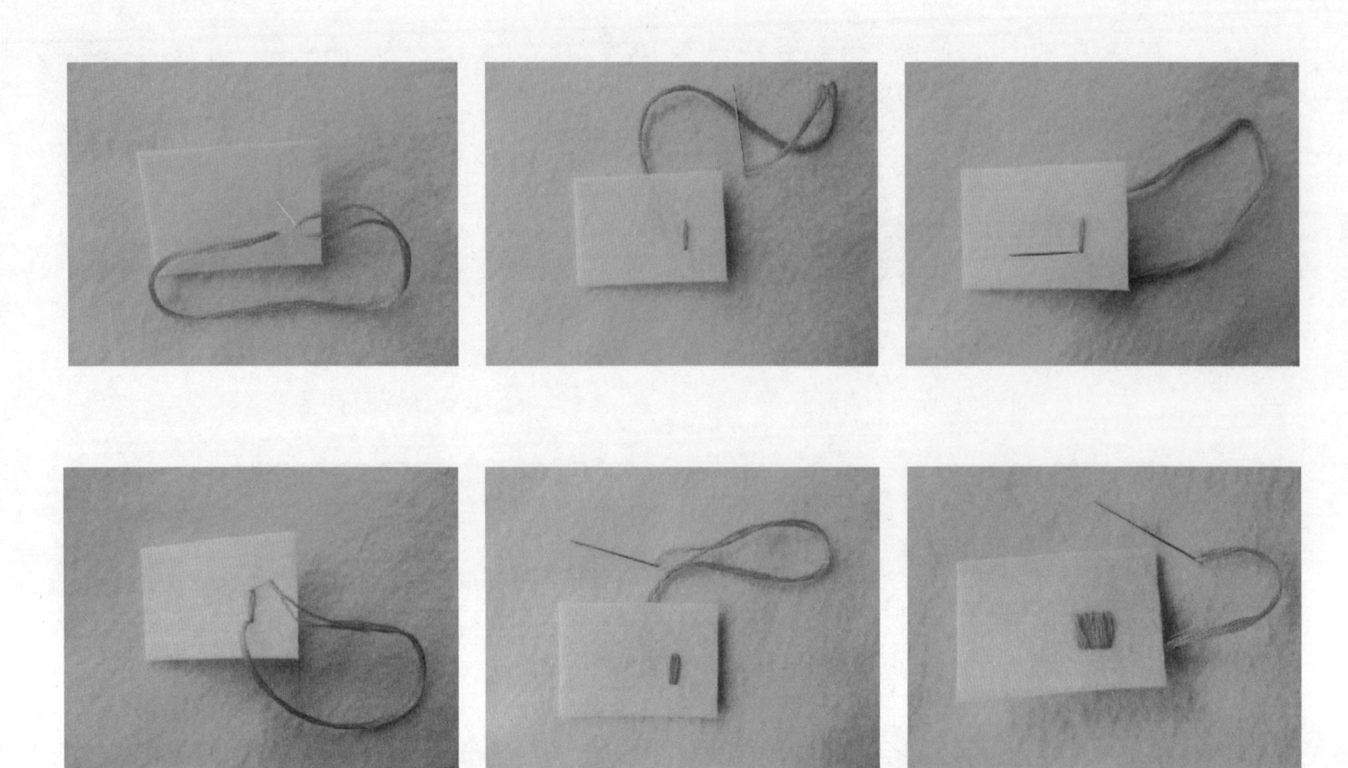

（1）方形，可以做小动物的鼻子

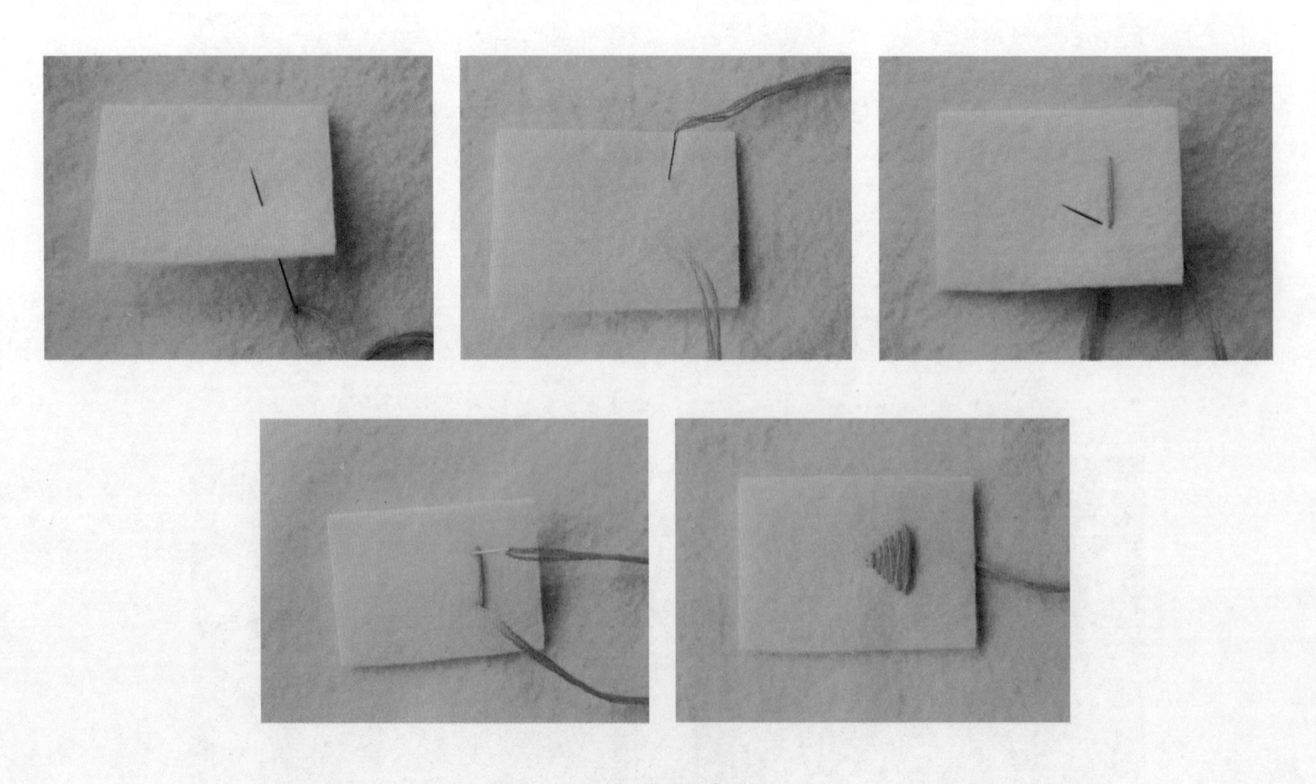

（2）三角形的鼻子

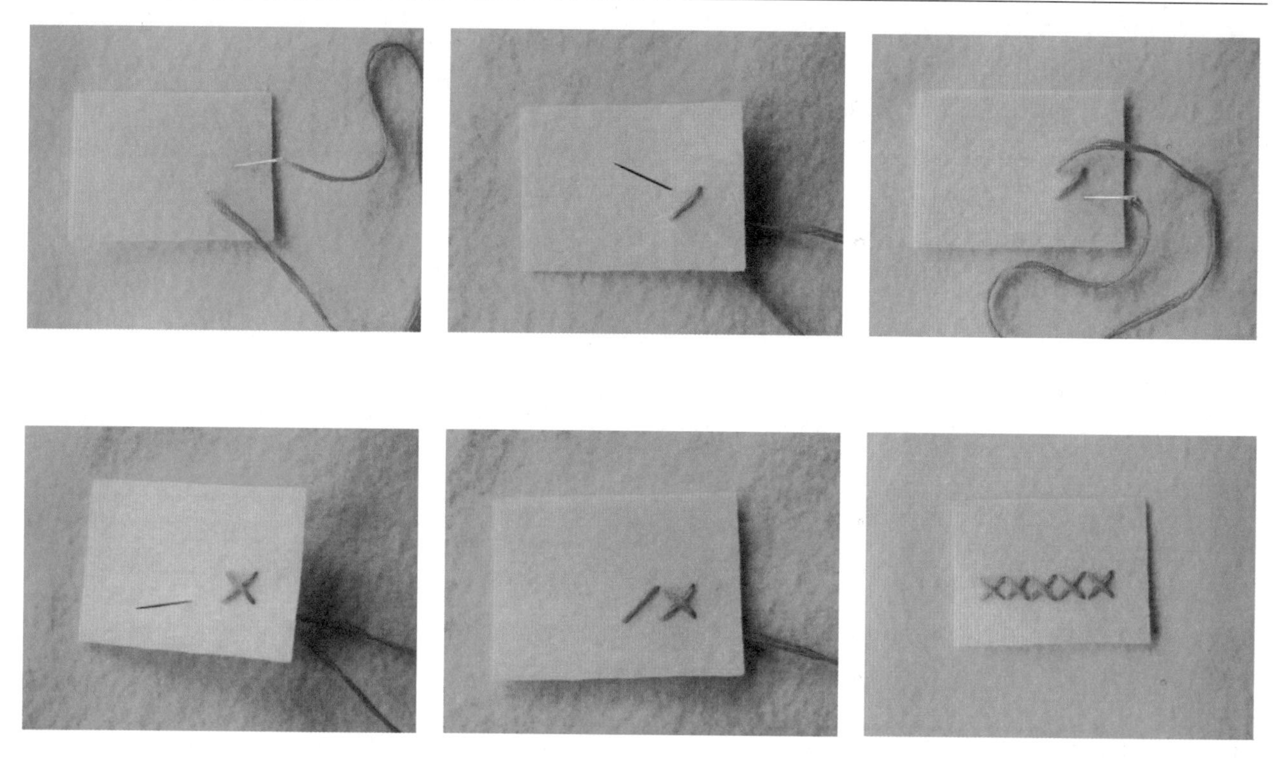

（3）十字绣，可以做装饰花纹

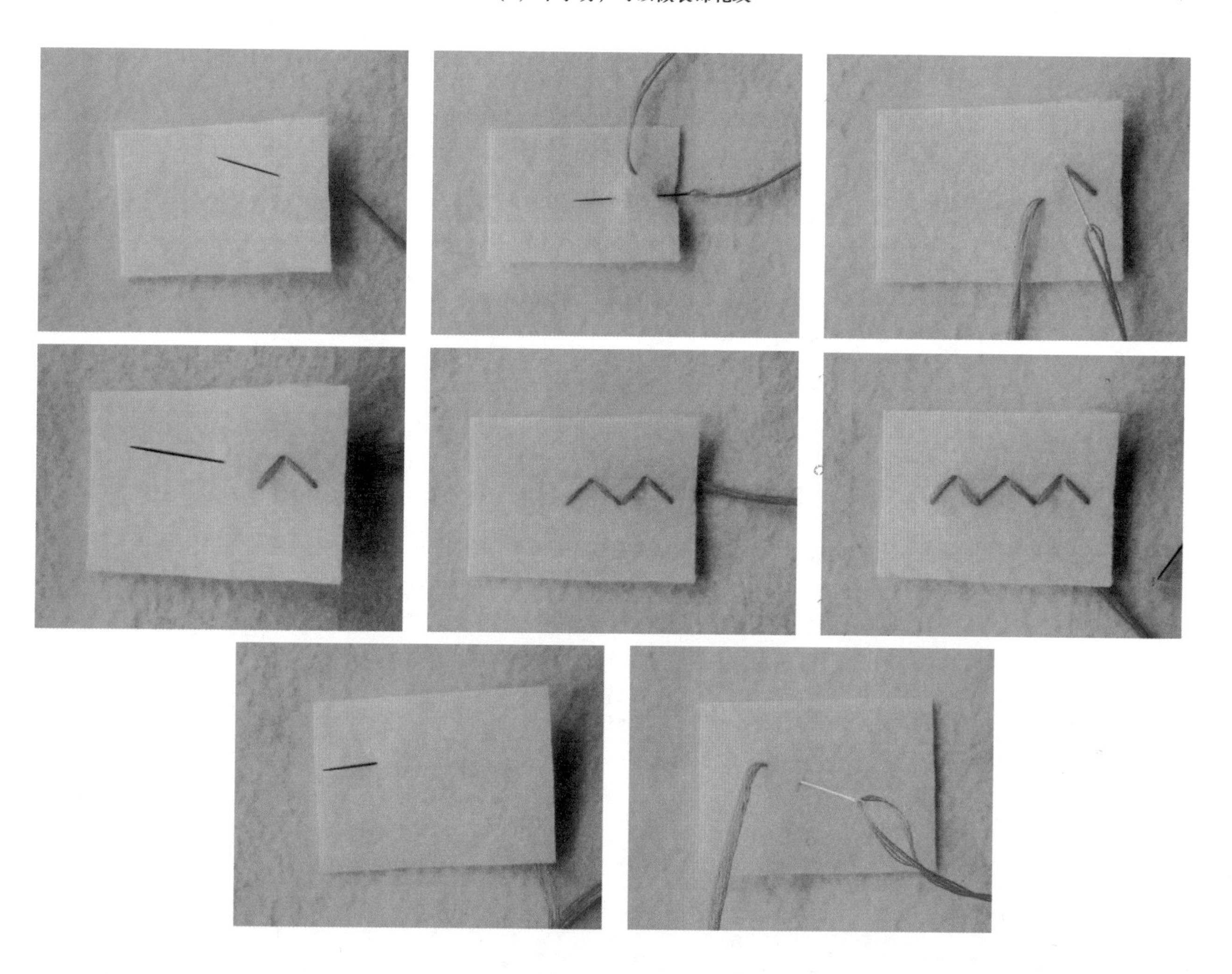

（4）锯齿绣，可以作为装饰花纹

①哭泣　　②微笑

（5）鼻子和嘴巴还可以这样缝

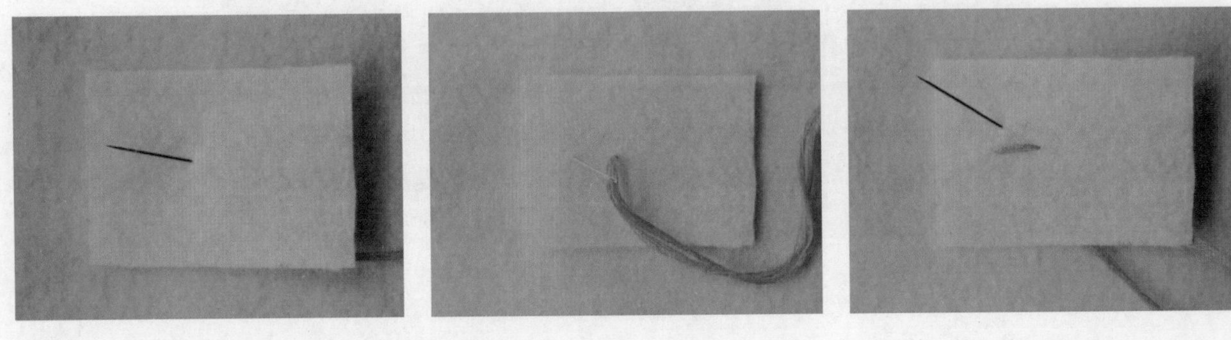

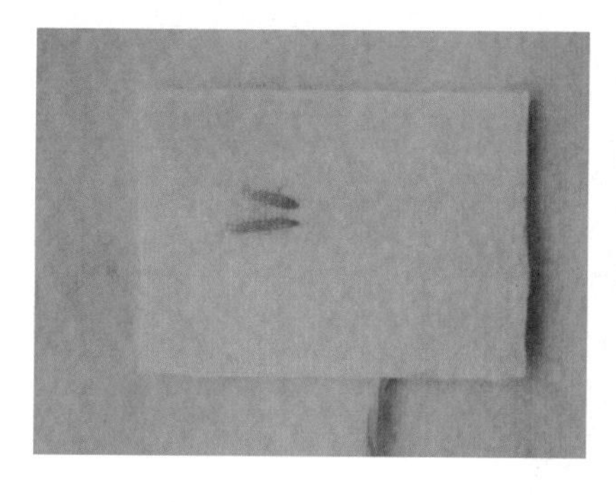

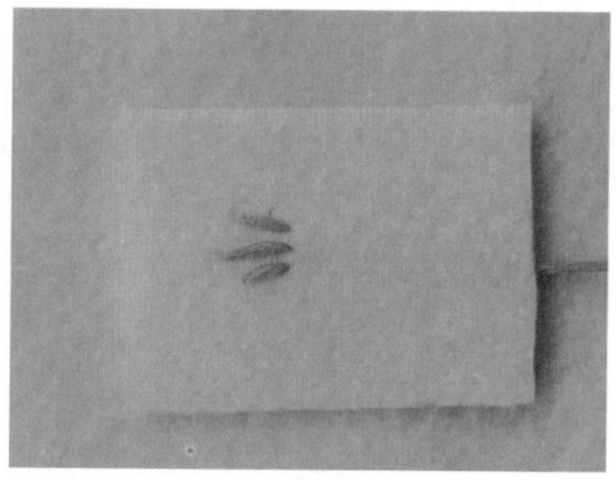

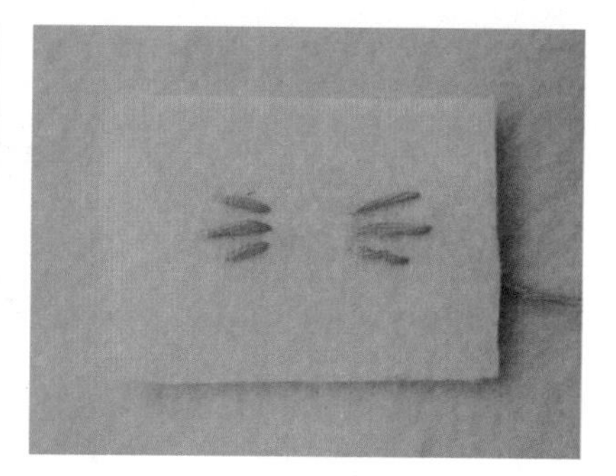

（6）胡须的绣法

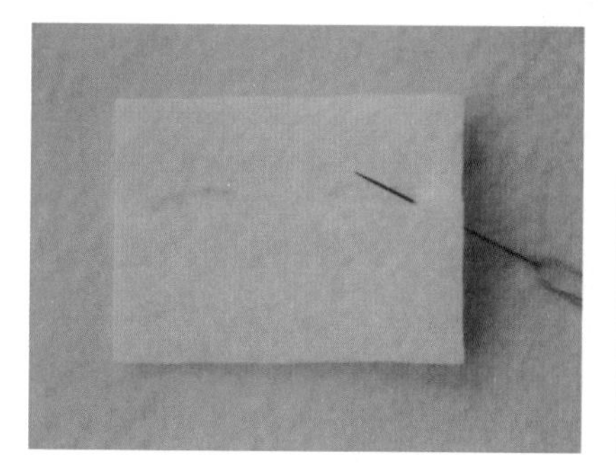

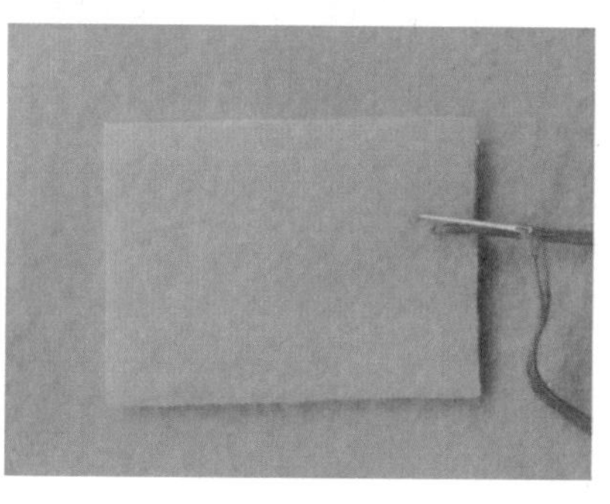

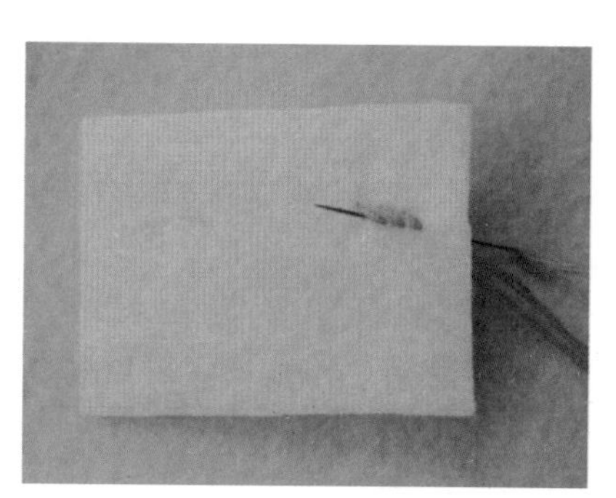

①出针

②斜方入针

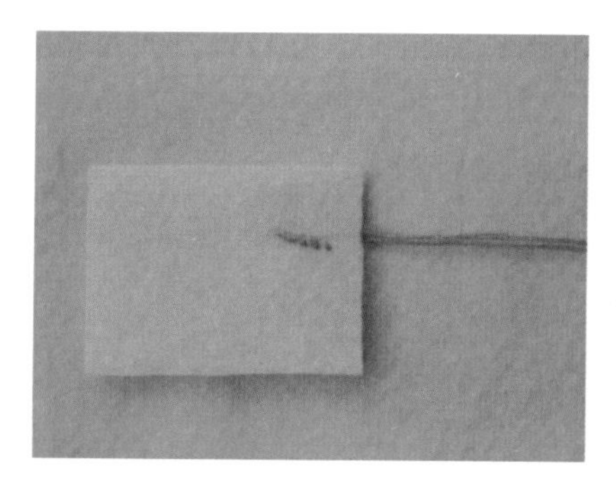

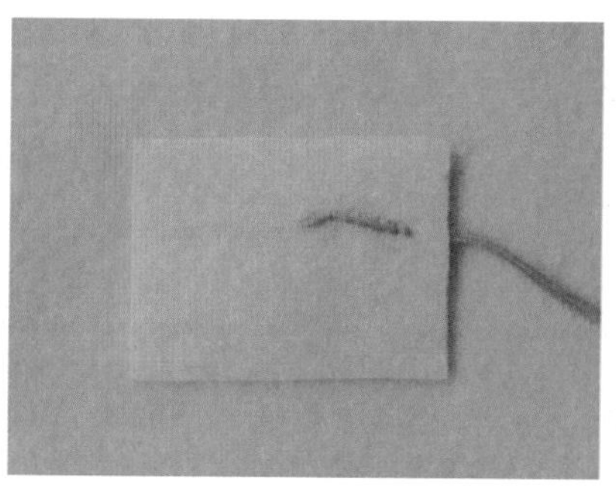

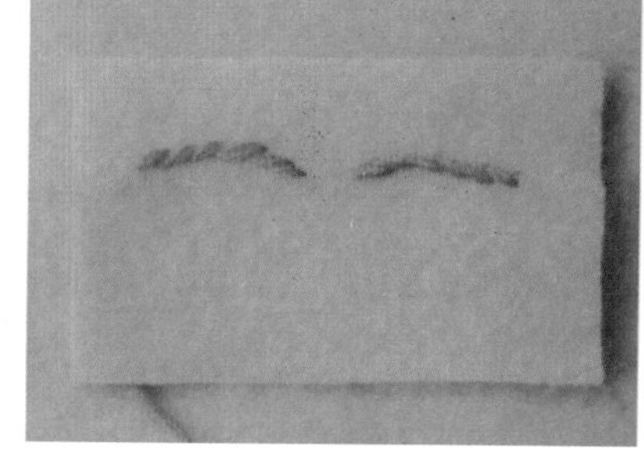

③每一针按需要往上或往下渐变

（7）眉毛的绣法

任务三　不织布面具

不织布又称无纺布，是新一代环保材料，具有防潮、透气、柔韧、质轻、不助燃、容易分解、无毒无刺激性、色彩丰富、鲜艳明快、图案和款式多样、价格低廉、可循环再利用等特点。因为它是一种不需要纺纱织布而形成的织物，只是将纺织短纤维或者长丝进行定向或随机撑列，形成纤网结构，然后采用机械、热粘或化学等方法加固而成；不是由一根一根的纱线交织、编结在一起的，而是将纤维直接通过物理的方法黏合在一起的，所以，当你拿到不织布时就会发现，是抽不出一根线头的，它只是因具有布的外观和某些性能而被称为布。

不织布兼具布的柔韧和卡纸的挺括，用它来做面具很适合。

不织布做面具手法比较灵活，既可以用胶粘贴也可以缝制，缝出的线还可以起到装饰效果。

下图面具是缝制的

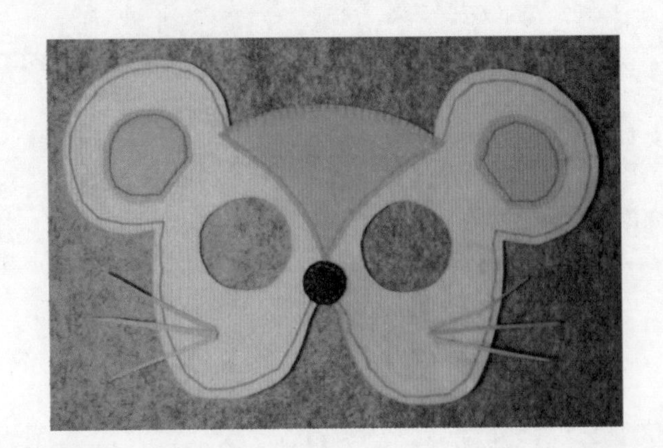

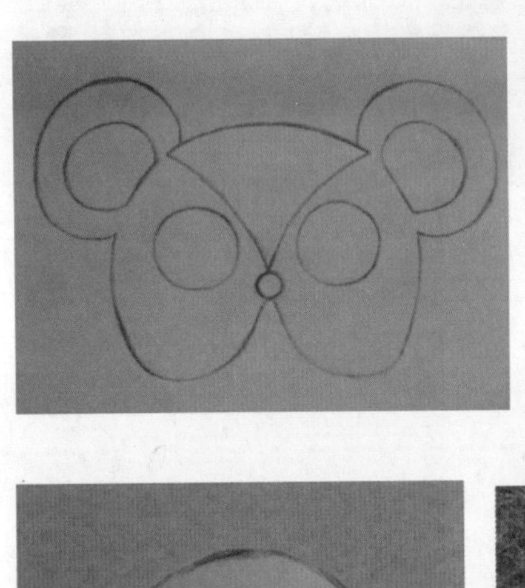

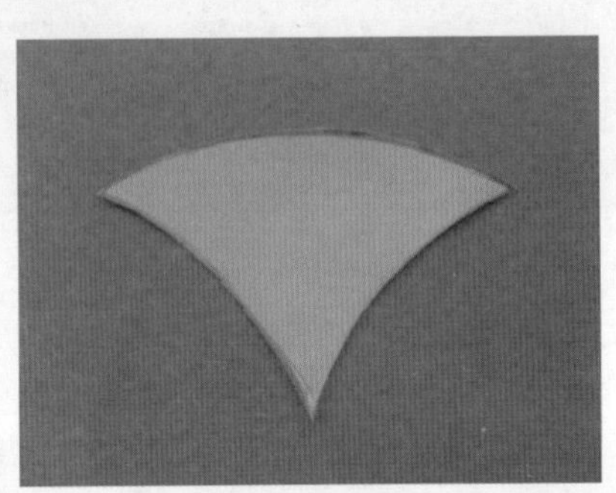

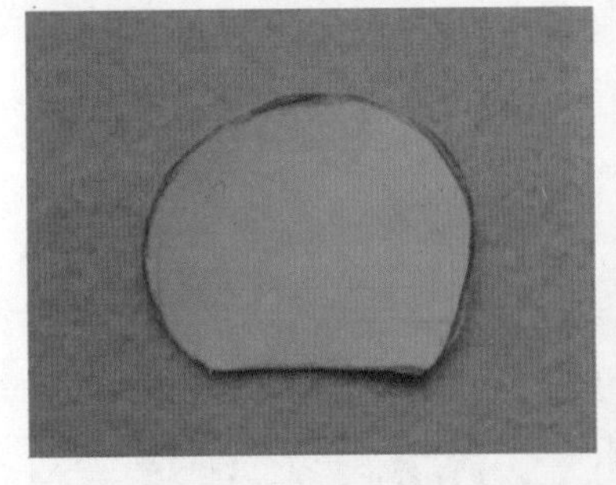

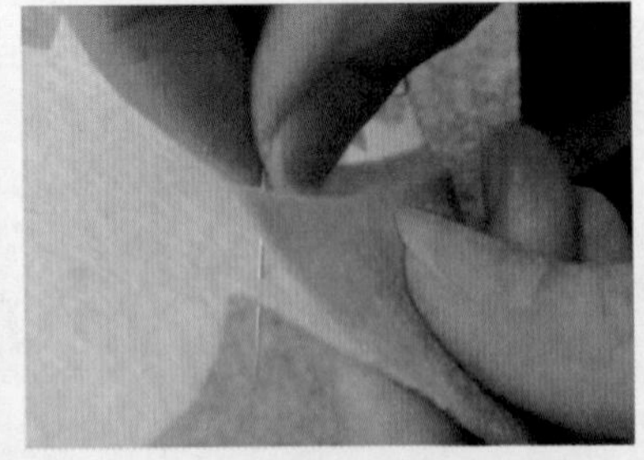

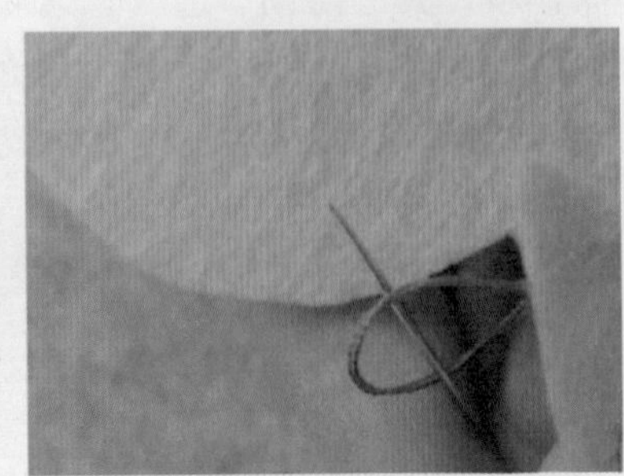

下图面具是粘贴的

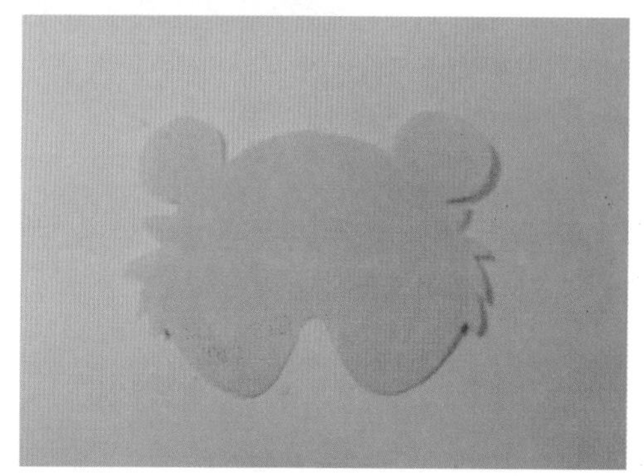

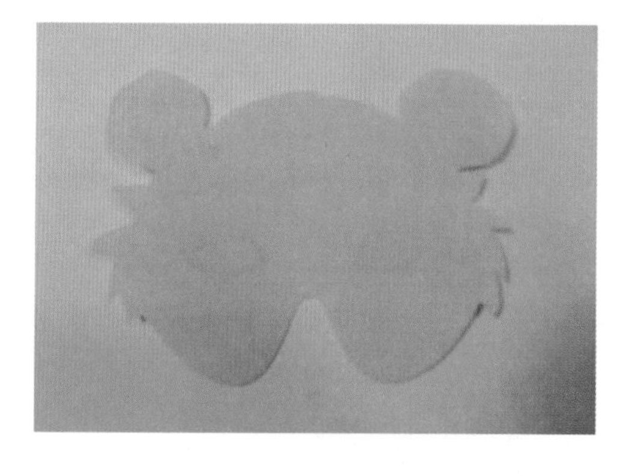

下图面具是粘贴和针缝相结合的

任务四　不织布玩偶

手工玩偶制作的小动物最好选择没有图案的特色布料，不织布材料特别，比一般的布要厚和硬，不会出现棉布掉线等情况，缝制时很方便。颜色也非常丰富鲜艳，质感很好，做出来的玩偶可爱逼真。大家可以设计不同的图案，做出各种造型，只要你能想象，都可以通过我们的手制作出来。

带毛发的布偶，材料可以选择毛线、假发、布条等。玩偶的外貌固然重要，但是制作玩偶的精髓在于，设计要大胆，表情要生动，还有很重要的细节问题，如眼睛、针脚、配饰等，如果以上这些都达做到了，你的玩偶娃娃一定会美丽动人。

不织布玩偶的做法：

（1）设计出你想要的造型

（2）各部分用图纸分解，注意脸、眼睛、耳朵、腮红都是对称的

（3）将图纸剪下来

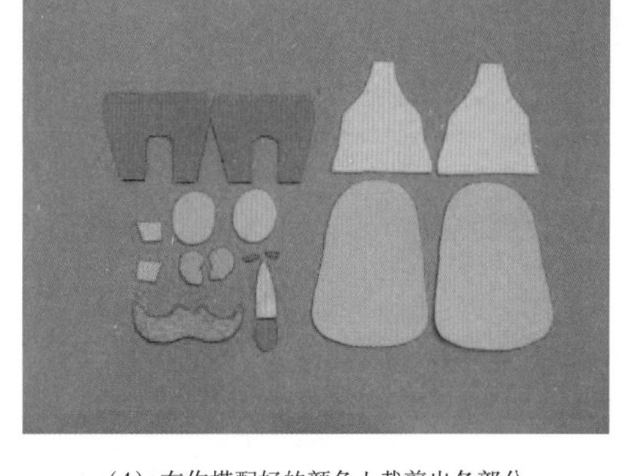

（4）在你搭配好的颜色上裁剪出各部分

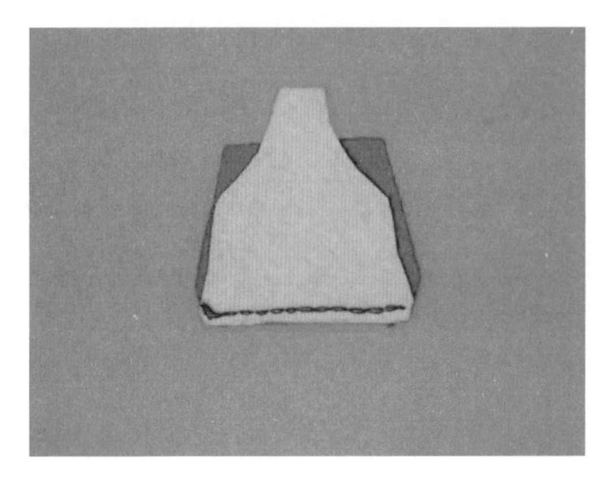

（5）用回针缝将上衣和裤子缝合

（6）展开，正面如图

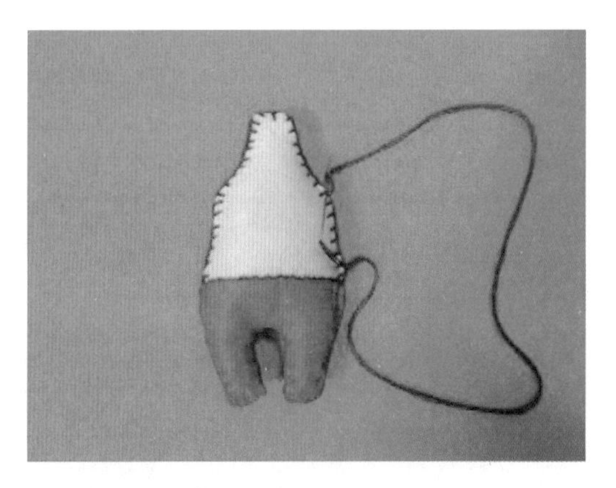

（7）用锁针缝缝合前后两片，预留出充棉口，充好棉后，完全缝合

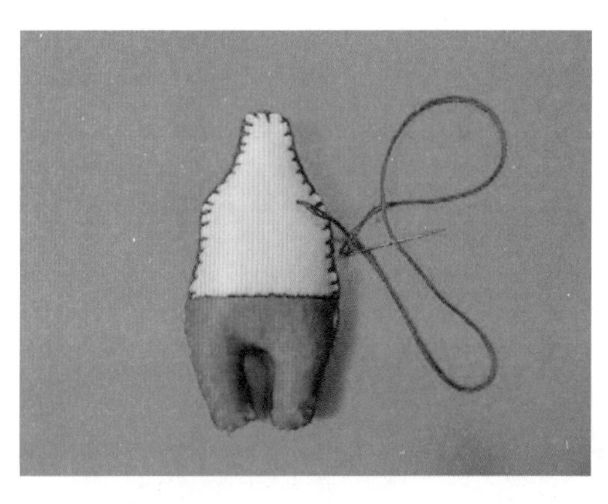

（8）打结后从两片之间入针，由一侧手臂出针，回针缝出手臂形态

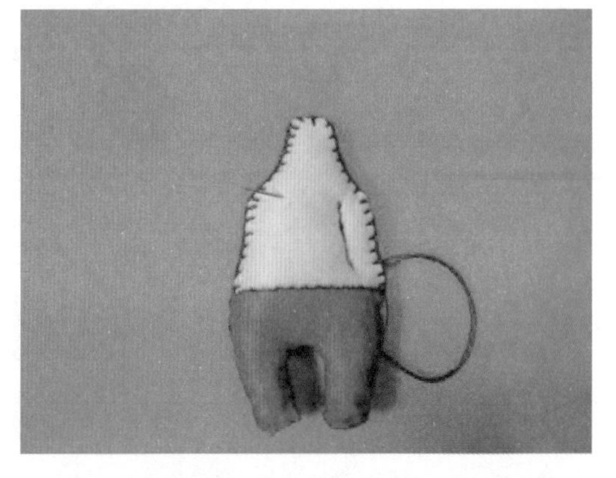

（9）在后面打结，再从另一侧手臂处出针

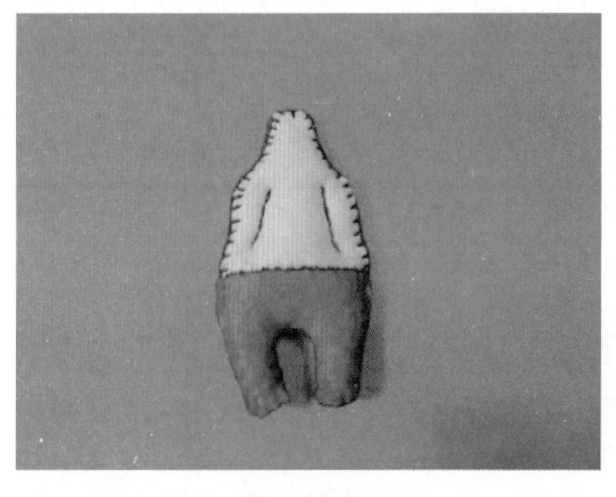

（10）缝好后如图

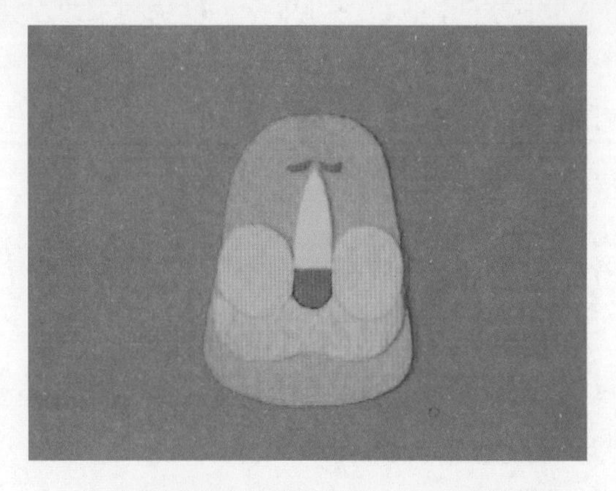

（11）脸部各部位由布用胶水粘贴（也可以用线缝合）

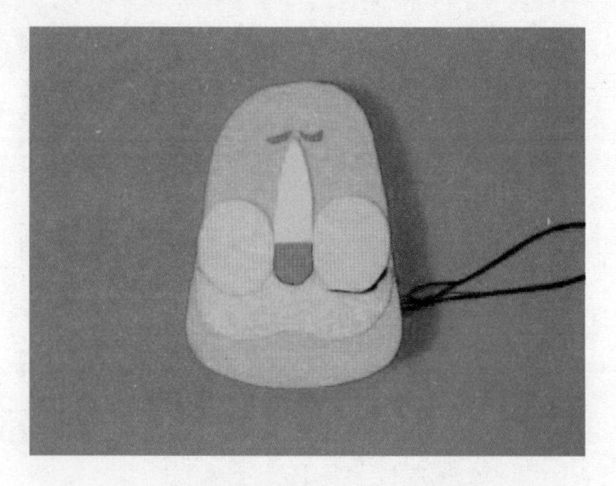

（12）用线在需要的地方缝装饰线

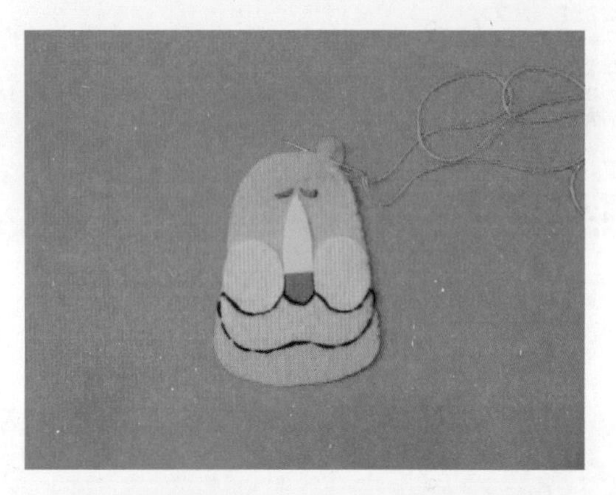

（13）前后脸部由立针缝缝合，不要忘记耳朵

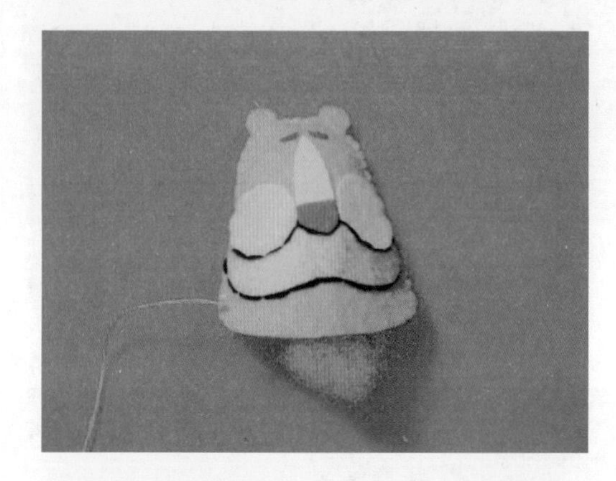

（14）预留出充棉口，填充 PP 棉，继续缝合

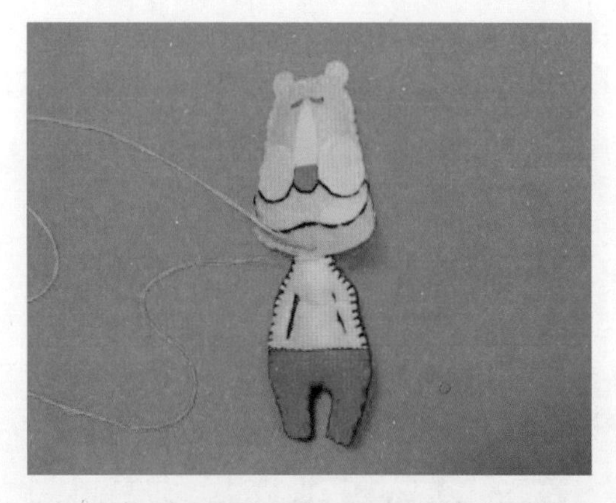

（15）此过程不要忘记将身体同时缝合

（16）毛线绕手指若干圈

（17）针线从中穿过

（18）缝合鬃毛，完成

教师作品

不织布玩偶猫咪的眼睛和鼻子是绣上去的。

学生作品

李巧玲

杨欣　吴丽娟　胡婷婷

程婷婷

毕赛

邓丽琴

汪紫归　杨琴

张妮

张欣

作业：设计制作一个不织布玩偶。

任务五 手偶

手偶是一种起源于17世纪中国福建泉州或漳州，主要在福建泉州、漳州、广东潮汕地区与台湾等地流传的一种用布偶来表演的地方戏剧。演出时，将手套入戏偶的服装中进行操偶表演。而正因为早期此类型演出的戏偶偶身极像“用布料所做的袋子”，因此有了布袋戏之通称。

手偶是玩具中不可缺少的，也极易促进幼儿和大人们之间的感情交流，是亲子互动的首选。可爱的手偶，妈妈可以套在手上逗宝宝玩，幼儿教师在讲故事时可以利用它使故事更加生动形象，小朋友们也可以在一起用它们演一出剧，可以说，它是各个年龄段孩子们的不可缺少的玩具。

手偶可以用绒料（珊瑚绒、羊羔绒等）制造，造型可爱，很吸引宝宝注意力。它的制作不是很复杂，操作也很容易，它的操作方式最主要是将手伸进去里面，就可以控制它们做很多动作，好玩极了。

（1）设计出手偶造型，大小与手掌拇指与小指张开近似即可，用稍硬的纸板剪出各部位

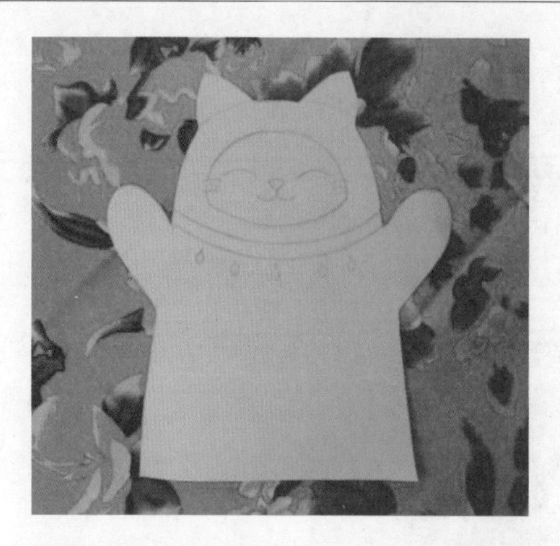

（2）耳朵和身体都有对称的两片，并且要做内胆，分别裁好后缝合，最后将内胆和绒布缝合。如果需要可以在头部充棉，这样就有立体感了

手偶可以做出很多的动作。

学生作品

许超委

吴丽娟

虞佳美

李巧玲

李斯

张妮

手偶的制作需要珊瑚绒或者羊羔绒，使它们像小动物一样毛茸茸的，很可爱。可以给它增加一些配饰（小花布、珠子、小铃铛、缎带不织布等）。

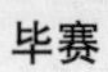

毕赛

马珺

朋学敏

吴月仪

高丽丽

胡婷婷

作业：分小组设计情节，制作手偶，完成后表演一个手偶剧。

任务六　袜子娃娃

一、快乐象家族

顾名思义，袜子娃娃就是用袜子做成的娃娃。袜子娃娃以袜子为原料，通过填充PP棉来造型，手工制作成各种玩偶，可以是动物，也可以是人物。由于袜子柔软有弹性，花色又非常丰富，厚薄和大小各不同，只要学会了基本的构思和制作方法，就可以制作出许多富有个性的袜子娃娃。

挑选袜子时应该注意以下几点：

（1）含棉量高，细密柔软且有弹性。

（2）色彩要与所构思的娃娃相吻合，或甜美乖巧或夸张有个性。

（3）大小适宜。

PP 棉要求质地洁白，蓬松度佳，这样才可以做出外形美观、手感柔软的娃娃。

袜子娃娃的设计构思主要根据袜子的外形而定，利用袜子的形状在相应的位置进行裁剪，填充 PP 棉，然后缝合，添加上五官及装饰，独一无二的袜子娃娃就大功告成了。

蓝色小象：

（1）选择袜子

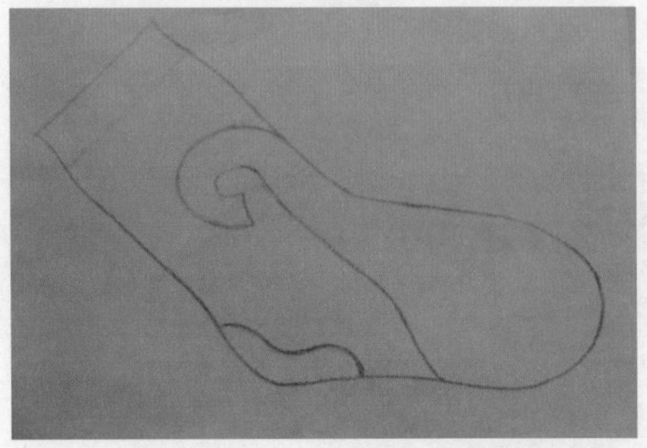

（2）画出袜子的外形，设计出大象的造型，并在图纸上画出

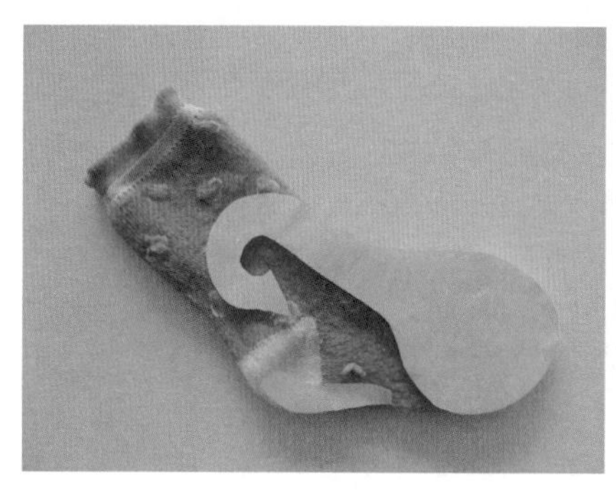
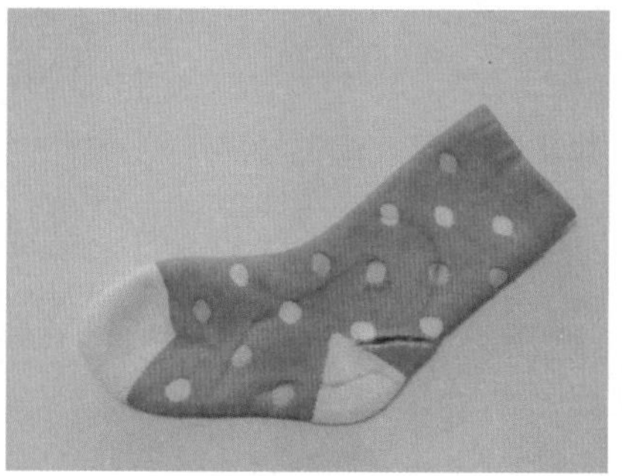

（3）在袜子上拷贝出各部位外形

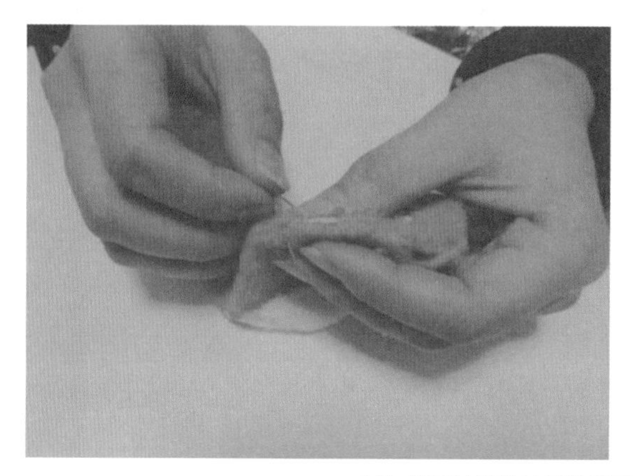
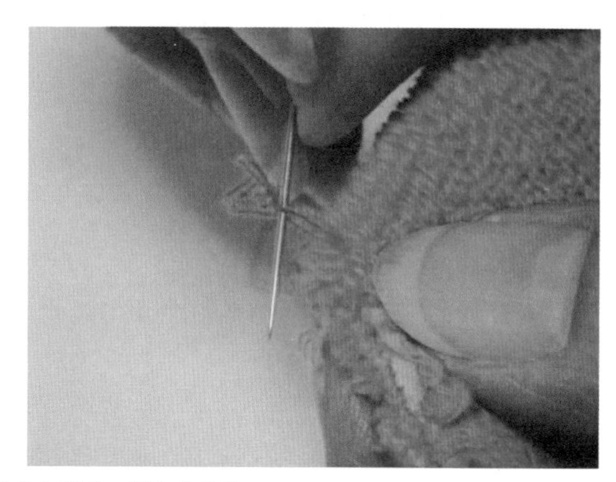

（4）用回针缝从袜子的反面缝出各部分，预留出充棉口

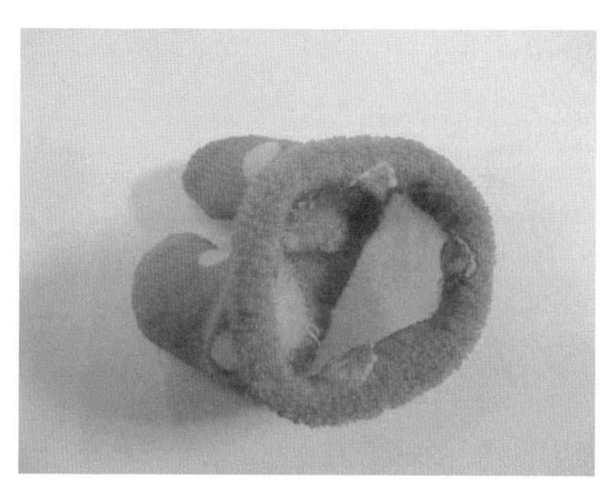
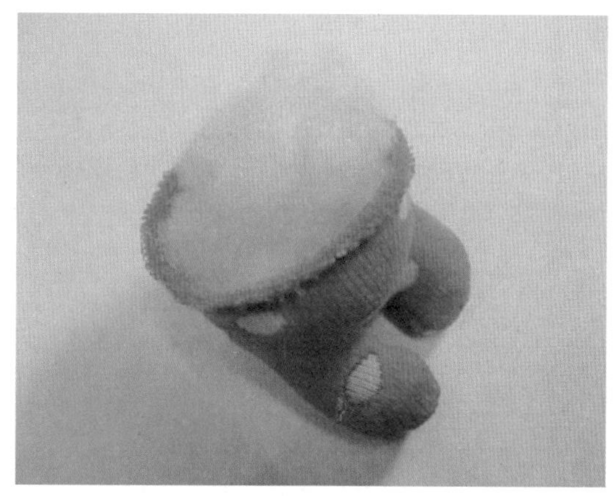

（5）身体转折的地方充棉以后要断棉，然后再次充棉

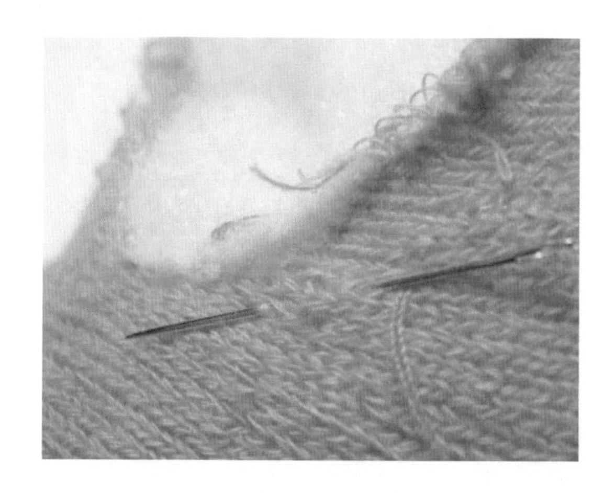
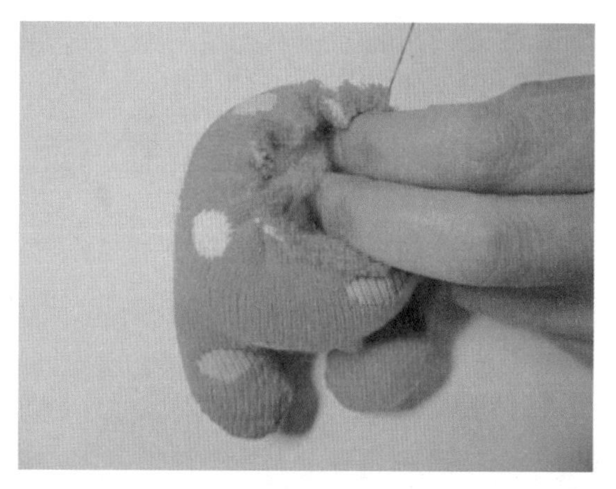

（6）用缩针缝缝合充棉口，收紧，用针在收口十字形来回缝几针固定，打结

（7）用针在其他部位穿过，剪断，这样线头就藏在袜子里面，不影响美观

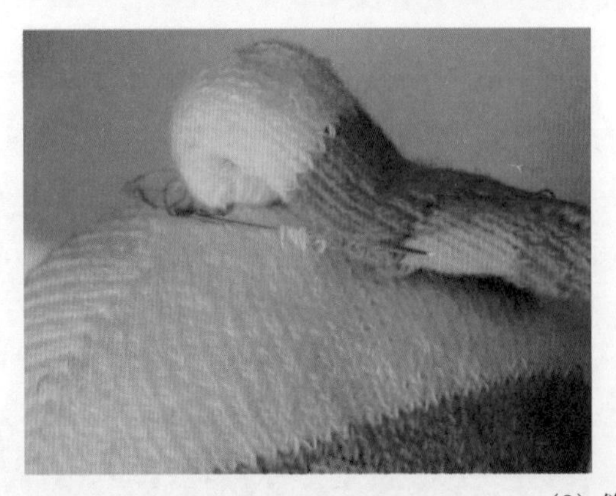

（8）缝上尾巴

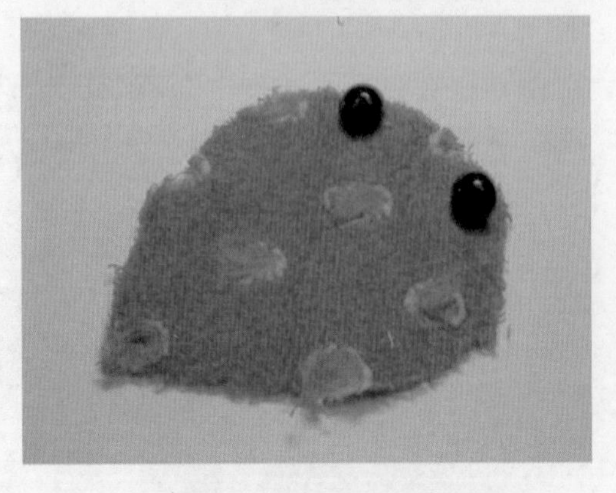

（9）在黑色扣子示意的地方缝合成耳朵

（10）各部分缝好后如图

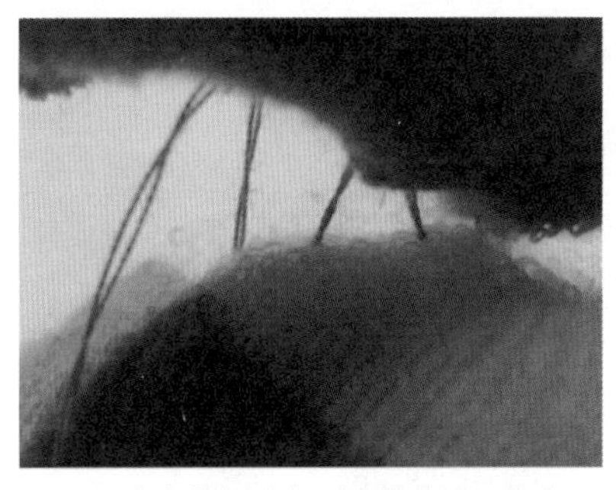
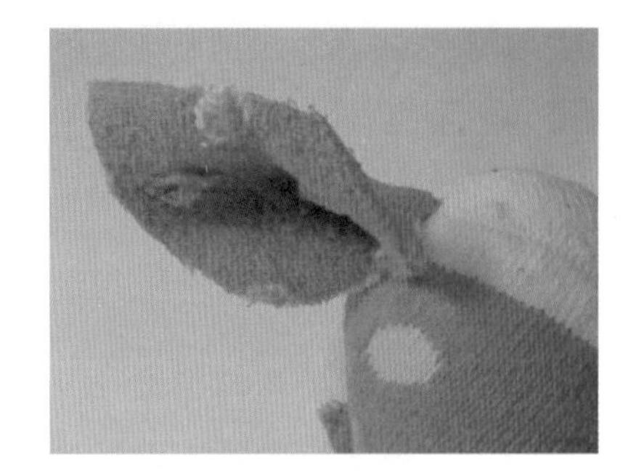

（11）在头部标示出耳朵的位置，缝合

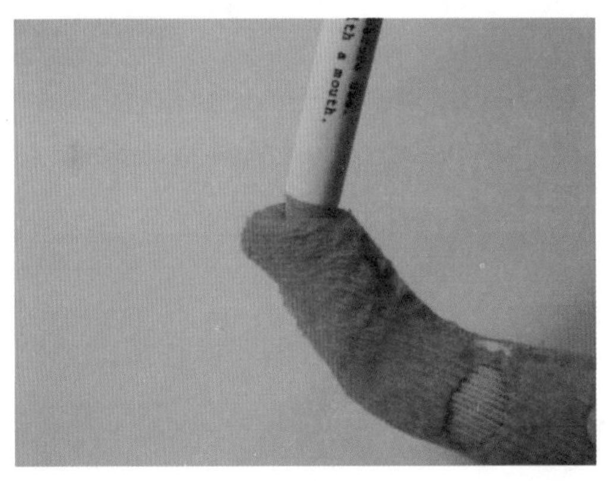
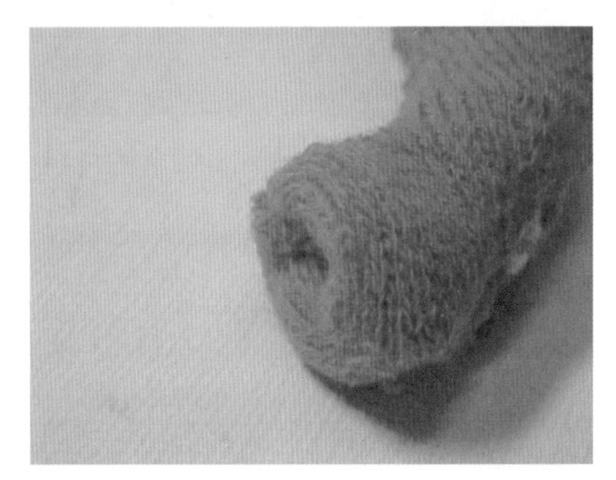

（12）用笔或其他工具做出鼻子的造型

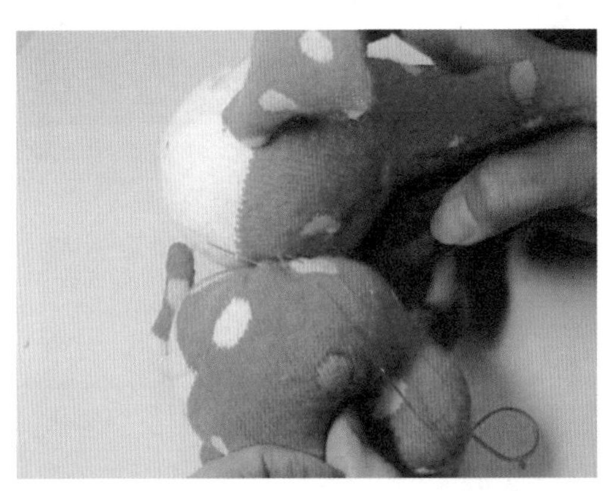
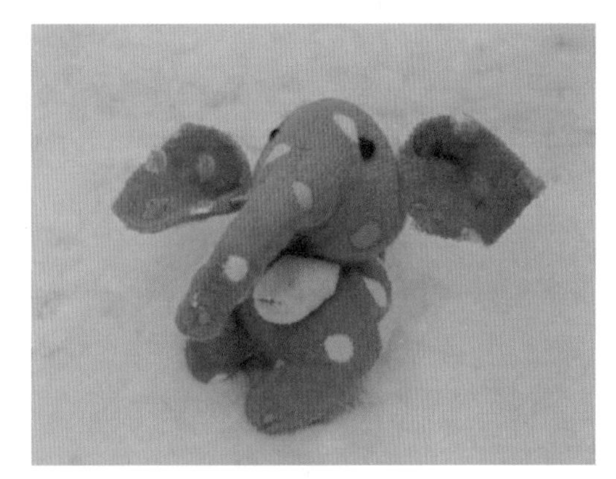

（13）将头部、身体及上肢缝合，完成

粉色象：

粉色象的鼻子及四肢与蓝色小象不同，具体如图。

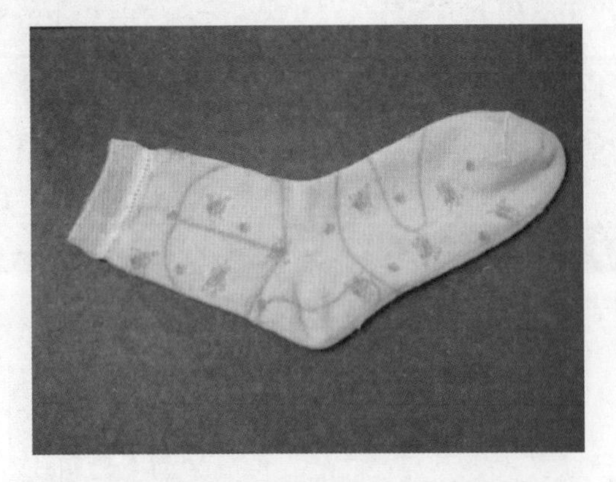

（1）头、耳朵及尾巴

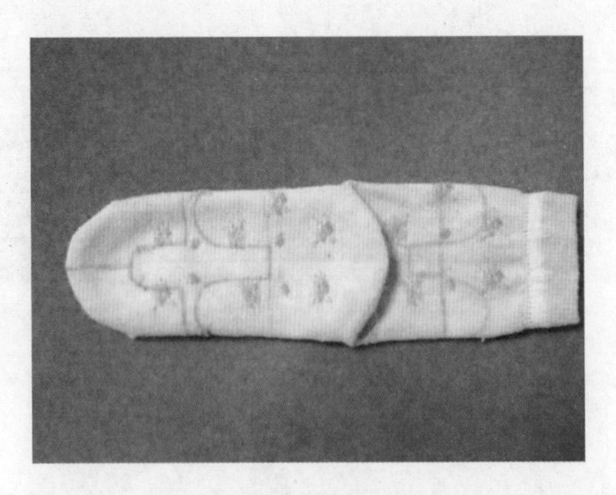

（2）身体及上肢

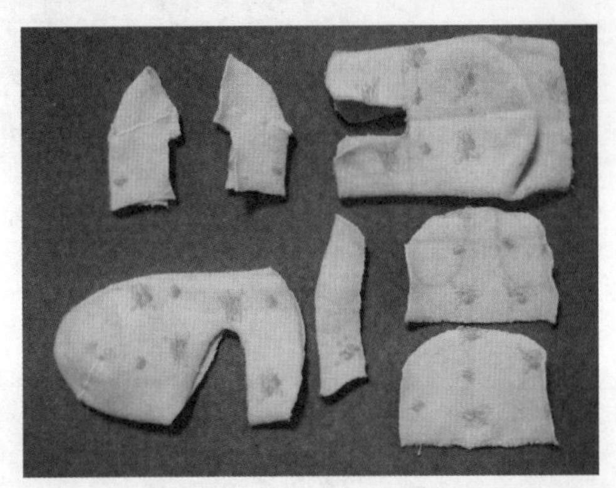

（3）裁剪出各部分

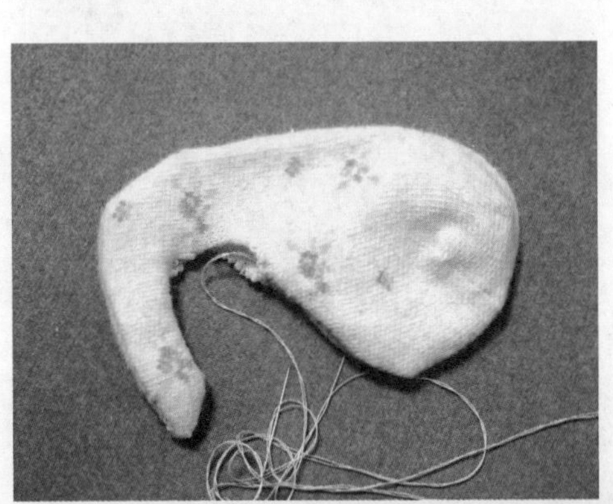

（4）用回针缝缝合头部，留出充棉口，充棉口缝法见灰色大象缝法

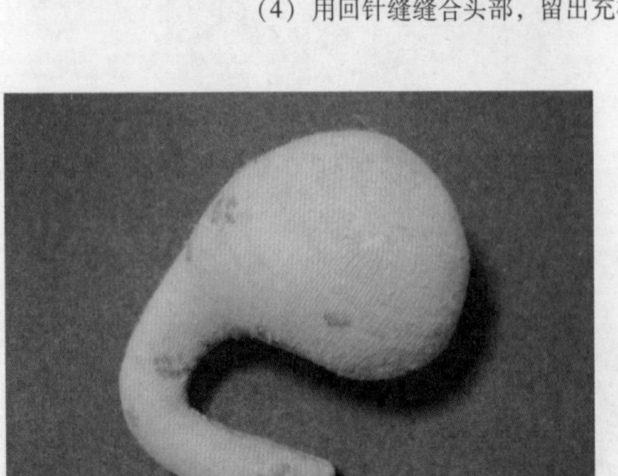

（5）各部位缝好如图

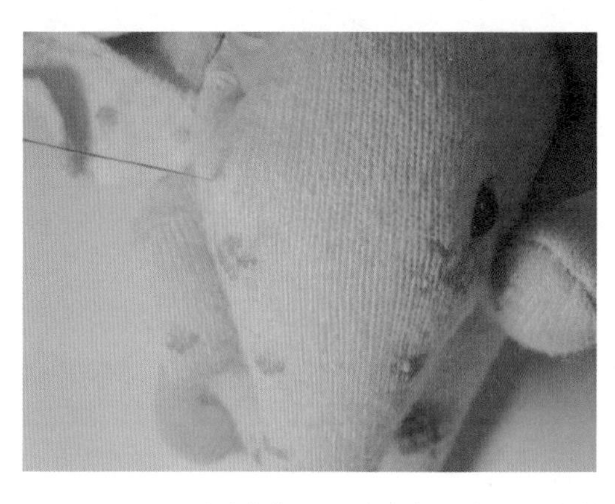
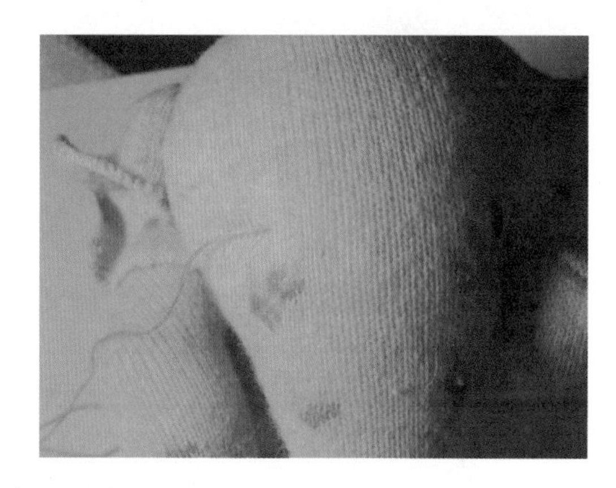

（6）先确定位置，缝好一侧眼睛后不要打结，直接将线穿到另一侧眼睛的位置，拉紧，打结

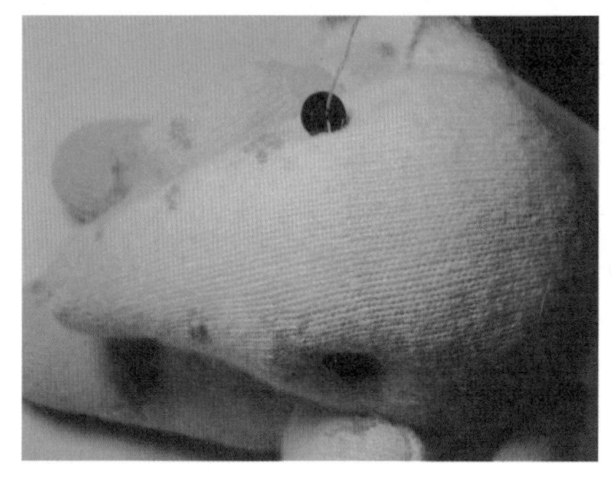

（7）接着缝另一侧的眼睛，缝好后同样拉紧，使左右两侧眼睛下陷度一致

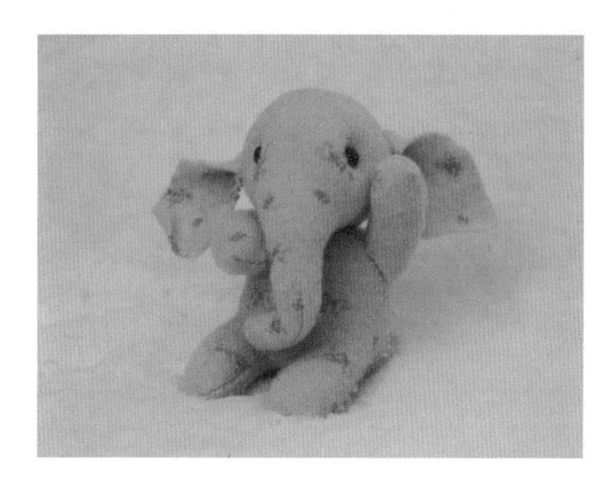

（8）完成图

灰色象（基本针法与蓝色象及粉色象类似）：

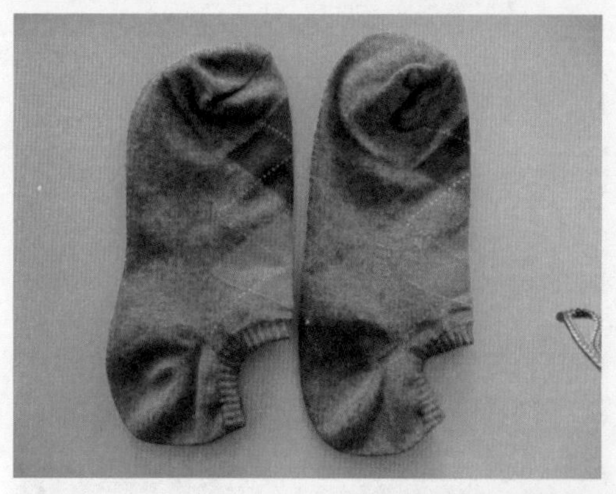

（1）灰色象用的是灰色船形袜一只，灰色花船形袜一双

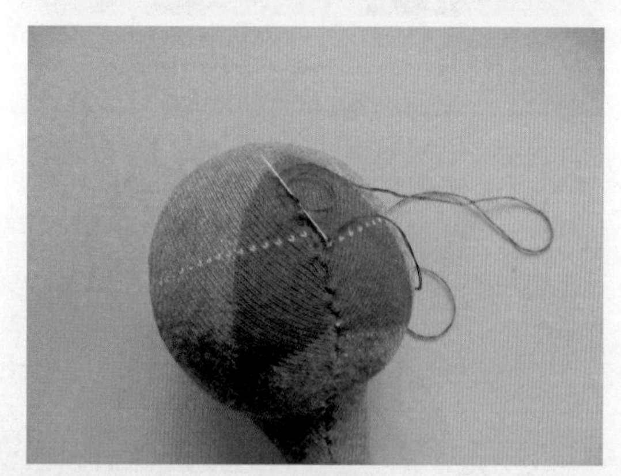

（2）充棉口用藏针法缝合

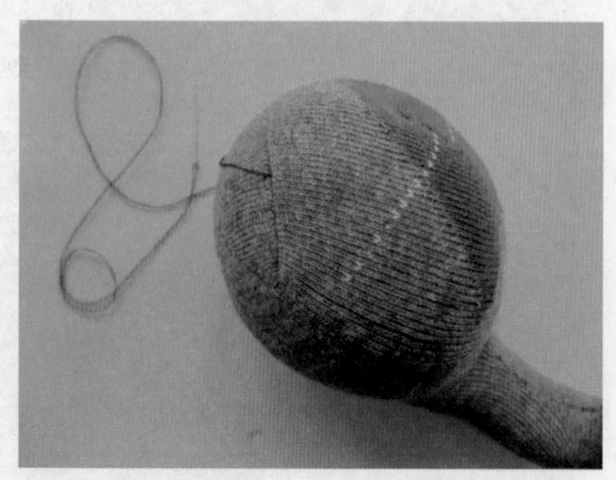

（3）打结后，从另一侧出针，剪断线头，保持美观

二、手足

这组袜子娃娃的制作同中有异，异中有同，通过学习各种袜子娃娃身体的做法，可以设计制作出更丰富多彩的娃娃。

橙色娃娃：

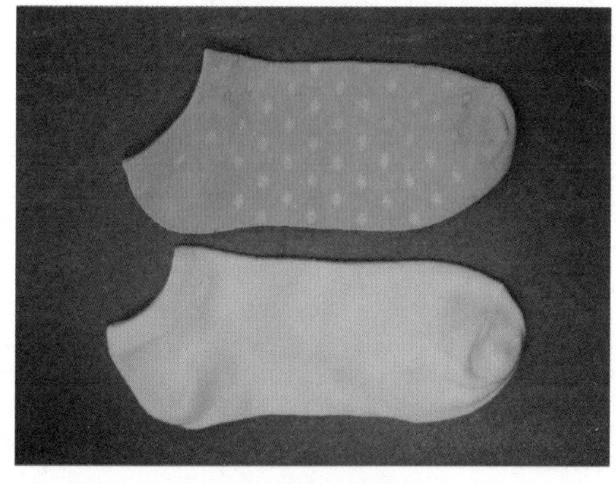

（1）白色和橘色袜各一只

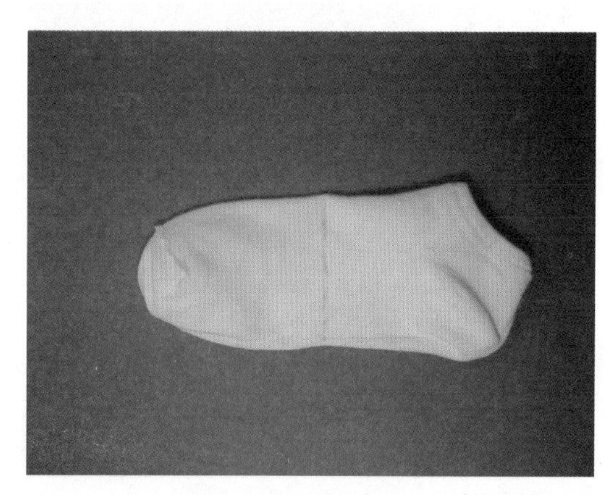

（2）白色袜子沿线剪下

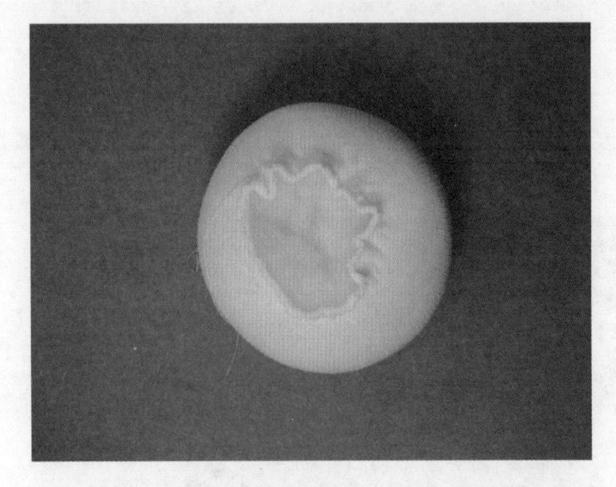

（3）塞入 PP 棉，用平针缝缝合

（4）拉紧

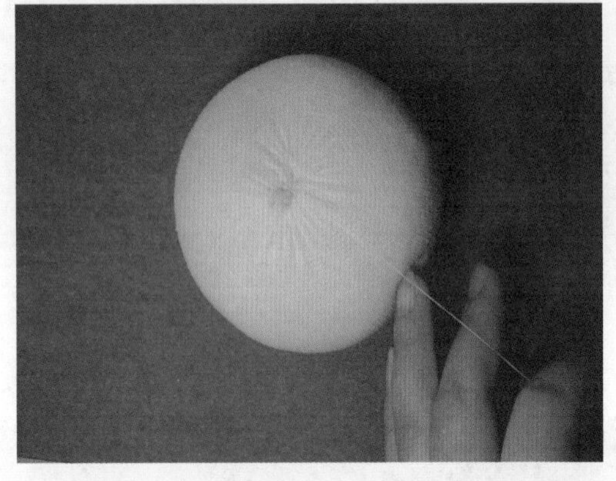

（5）按十字形来回缝几针，固定

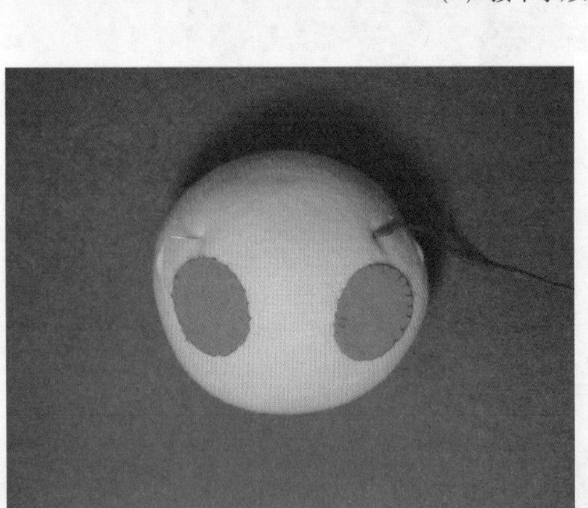

（6）用不织布剪下圆形，用绕针缝缝合做腮红

（7）黑色扣子缝合做眼睛，往下稍微拉紧

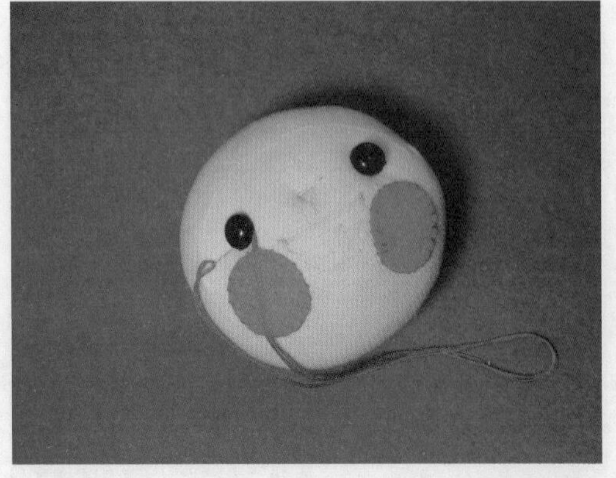

（8）眼睛缝好后直接出针绣出鼻子

（9）再从嘴巴出针，用斜针绣出嘴巴

（10）橙色袜子反面画出腿形

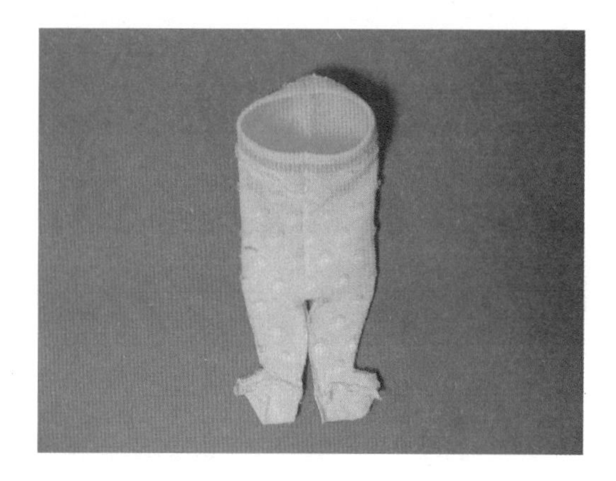

（11）裁剪

（12）缝好以后翻到正面

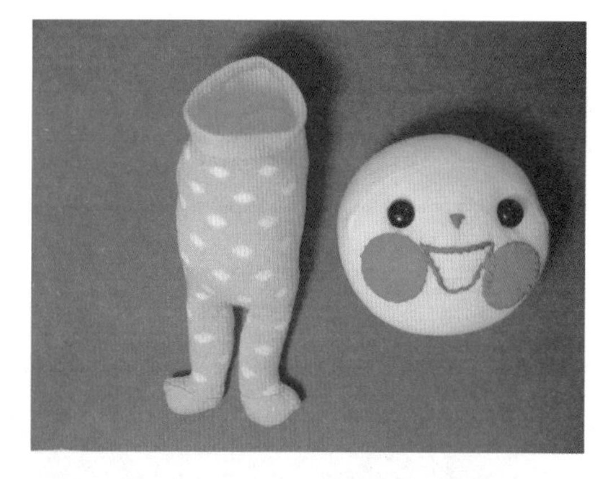

（13）塞入 PP 棉

（14）将头部塞入橙色袜子

（15）剪不织布做头发

（16）用藏针缝缝合头部和身体

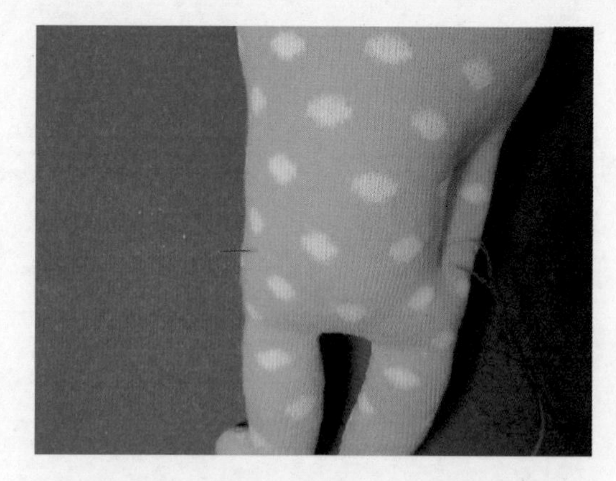

（17）用回针缝缝出手臂的形状

（18）从一侧手臂直接穿过来到另一侧

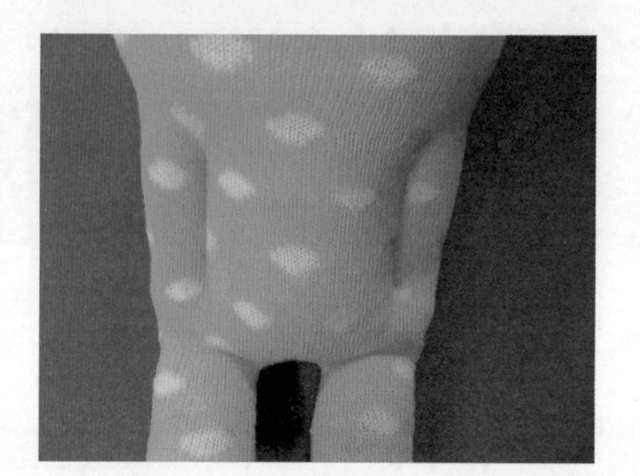

（19）两边对称缝好

粉色娃娃：

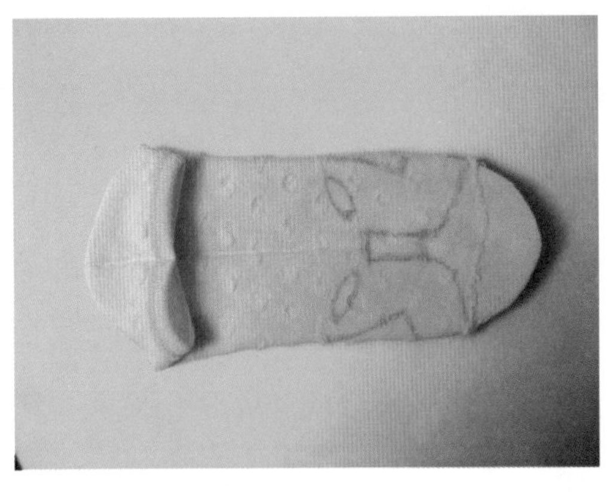

（1）粉色袜子翻到反面，画出腿部形状，大腿处的切口可以使身体胖胖的，腿部向前弯，好像坐着一样

（2）剪出腿形和切口

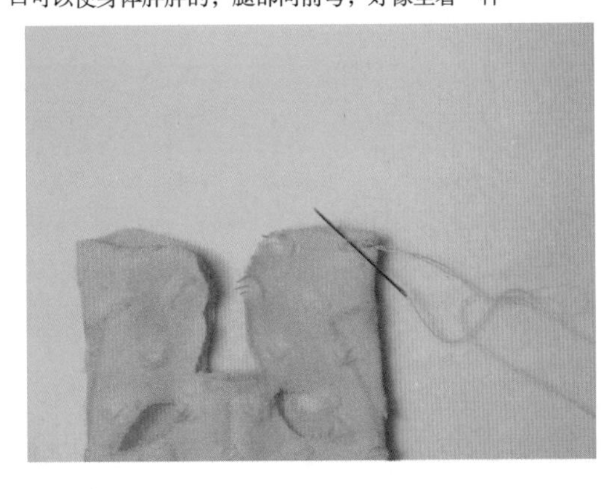

（3）缝好腿部

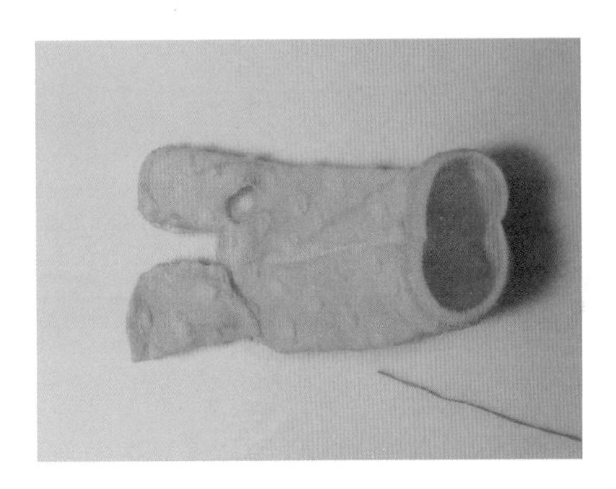

（4）缝好切口

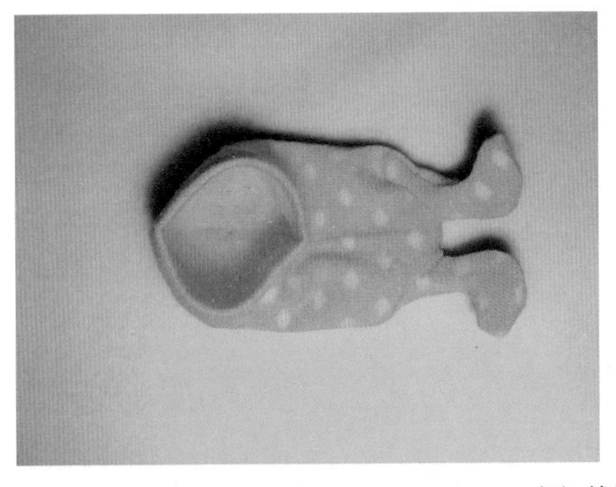

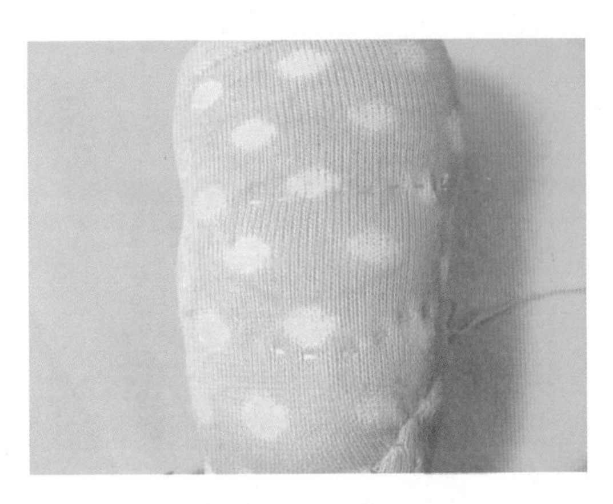

（5）缝好翻到正面

（6）塞入脸部

（7）如图用平针缝出手臂的形状

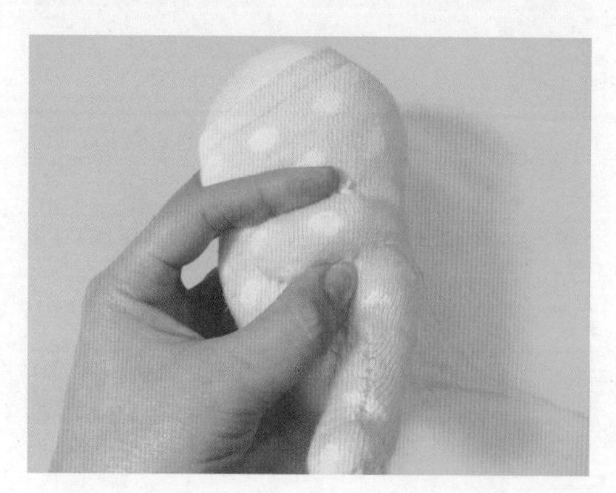
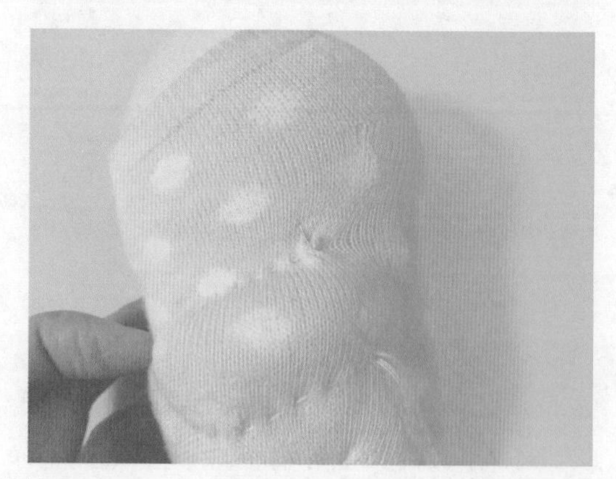

（8）抽紧

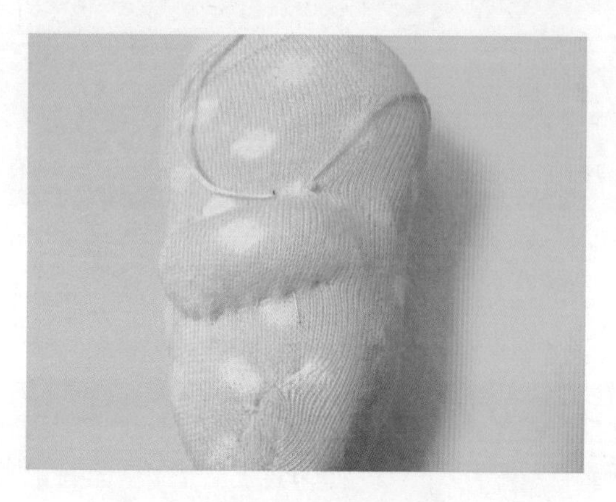

（9）如图距离上下缝合固定

（10）脸部缝好

绿色娃娃：

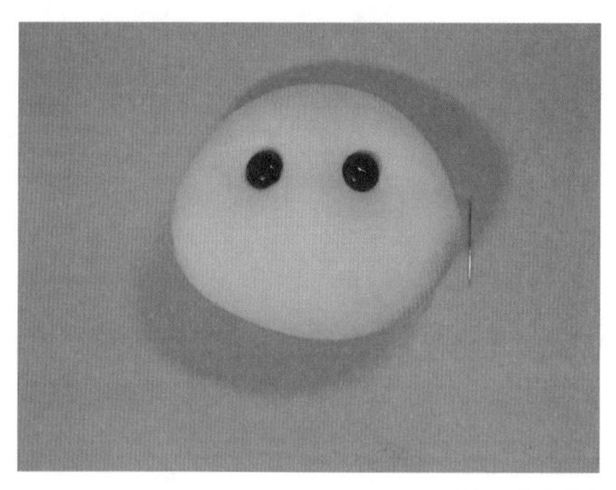

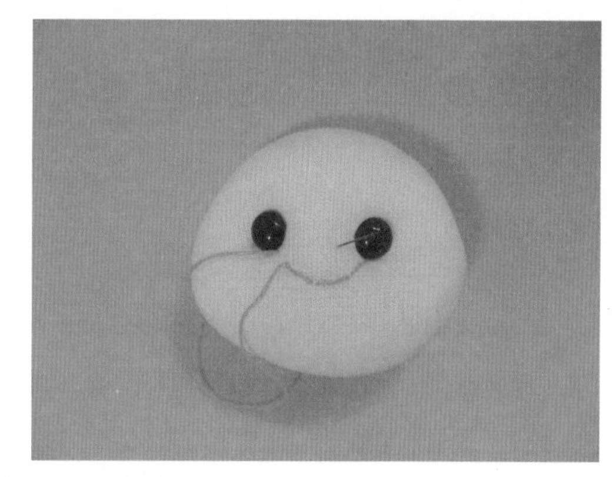

（1）眼睛和鼻子绣法和前面相同

（2）头型有些不同

（3）绿色袜子翻到反面，如图画出腿形和手形

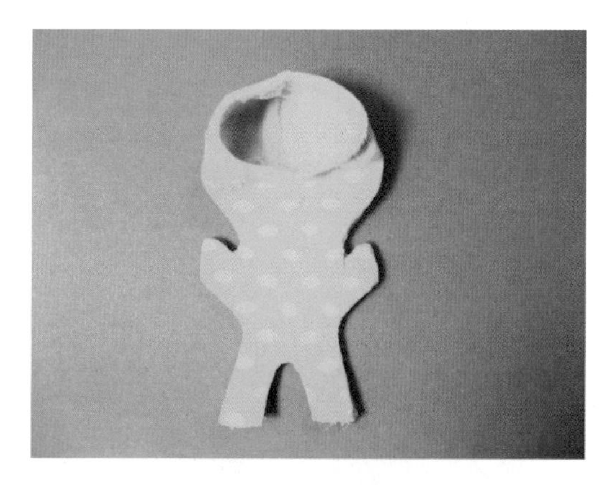

（4）剪好用平针缝缝合

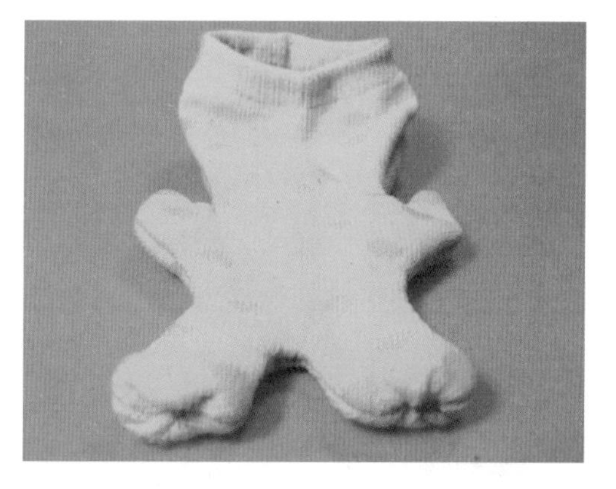

（5）脚部是缩针缝好后拉紧

项目五　废旧物品再利用

任务一　塑料瓶艺术

学习目标

（1）学习吊篮的制作方法，引导学生设计、制作出富有特色的吊篮。

（2）培养学生利用废旧材料进行设计的理念与环保意识。提高学生的想象力，培养学生创造性思维，体验变废为宝的乐趣。

（3）通过吊篮的制作，培养学生热爱生活、敢于创造的思想品质和做事认真耐心的良好习惯。

工具和材料：旧塑料瓶、卡纸、彩纸、水彩笔、油画棒、颜料、剪刀和双面胶等。

制作步骤

（1）将塑料瓶除去上半部分

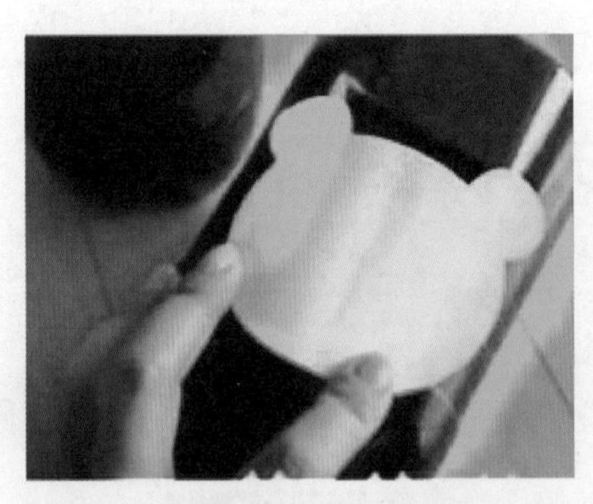

（2）画出动物的脸，比较位置

（3）剪出动物头像的外形

（4）剪出吊篮的小孔

（5）用颜料装饰塑料瓶，画上喜欢的图案

（6）在塑料瓶里装土，种上喜欢的植物和花

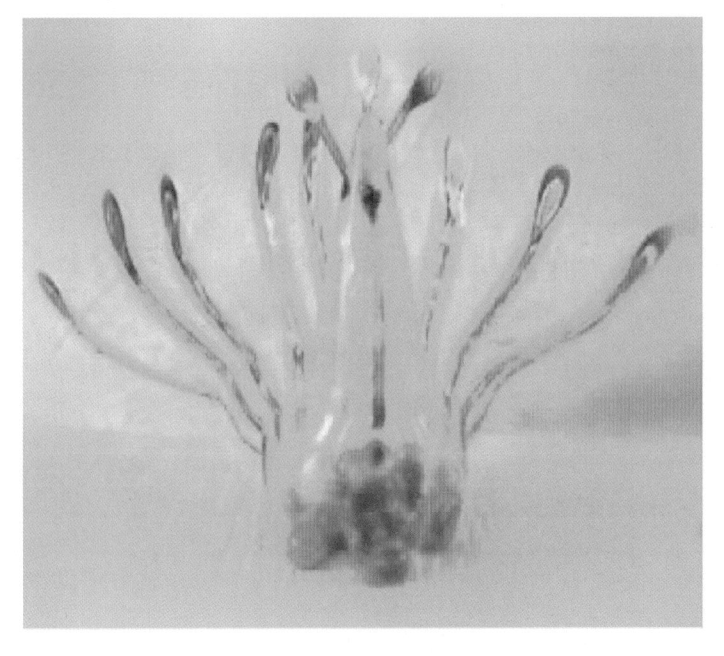

任务二　废旧报纸艺术

学习目标

（1）学习制作报纸收纳盒的方法，引导学生设计、制作出富有特色的收纳盒。

（2）培养学生利用废旧材料进行设计的理念与环保意识。提高学生的想象力，培养学生创造性思维，体验变废为宝的乐趣。

（3）通过收纳盒的制作，培养学生热爱生活、敢于创造的思想品质和做事认真耐心的良好习惯。

工具和材料：旧报纸、剪刀和胶棒等。

制作步骤

（1）将报纸剪成长条形状

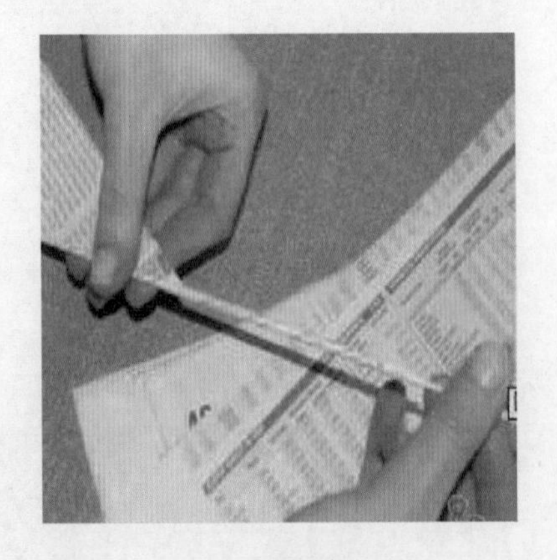

（2）卷曲成条状

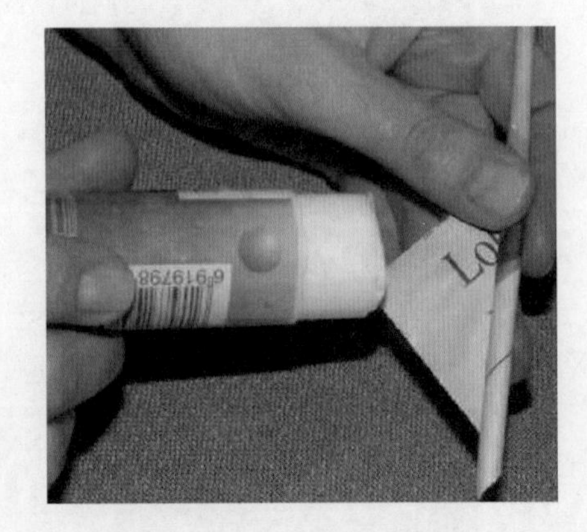

（3）用胶棒粘贴

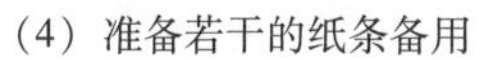
（4）准备若干的纸条备用

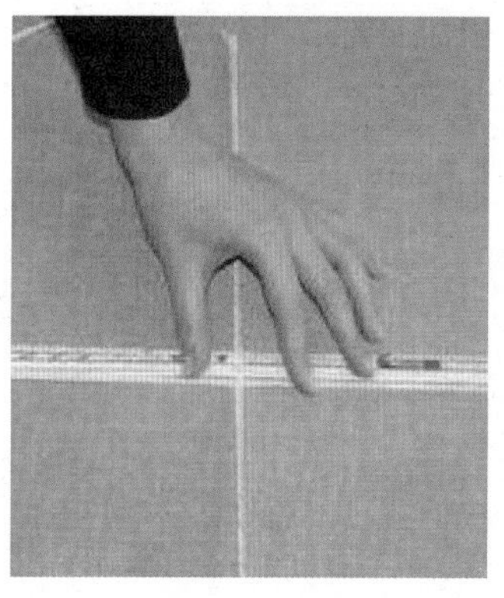

（5）交叉排列

（6）交叉编织成方形

（7）再进行圆弧状编织

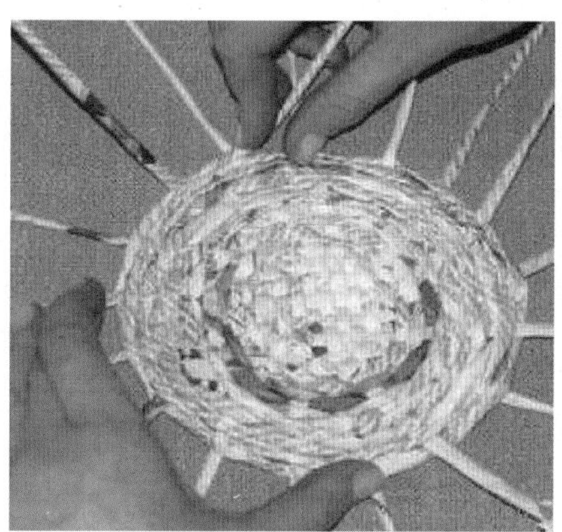

（8）固定底盘

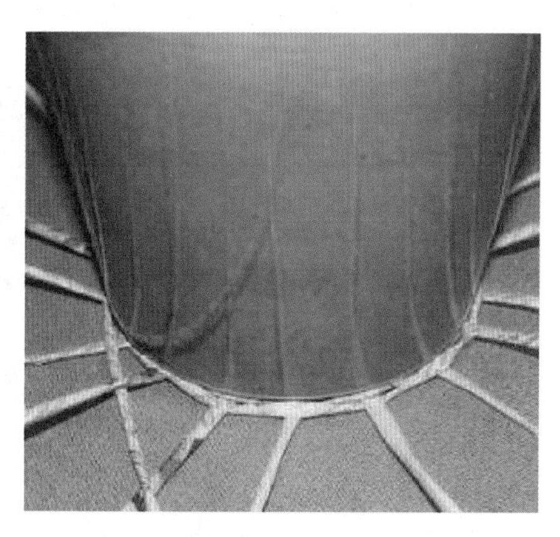

（9）用罐子固定从下到上编织

（10）围绕罐子边缘编织成型

（11）编织筐沿

（12）编织筐盖

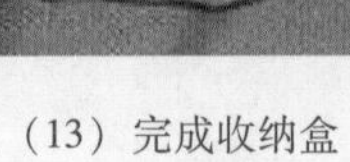

（13）完成收纳盒

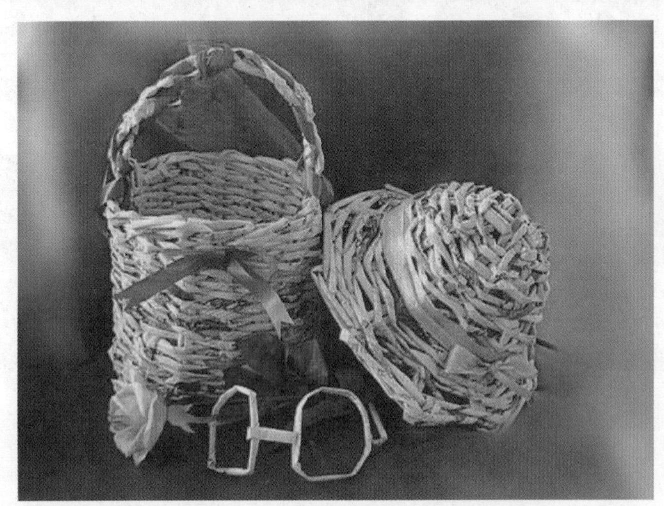

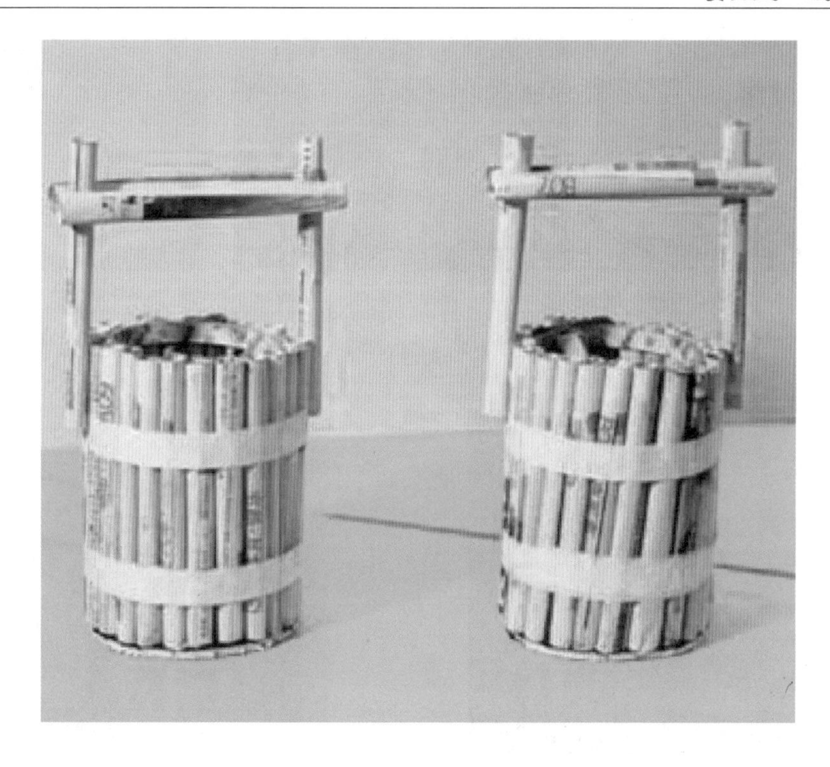

任务三 蛋壳艺术

学习目标

(1)学习制作蛋壳画的方法,引导学生设计制作出富有特色的蛋壳画。

(2)培养学生利用废旧材料进行设计的理念与环保意识。提高学生的想象力，培养学生创造性思维，体验变废为宝的乐趣。

(3)通过蛋壳画的制作,培养学生热爱生活，敢于创造的思想品质和做事认真耐心的良好习惯。

工具和材料：蛋壳、毛笔、胶水、镊子、彩色水笔、卡纸。

制作步骤

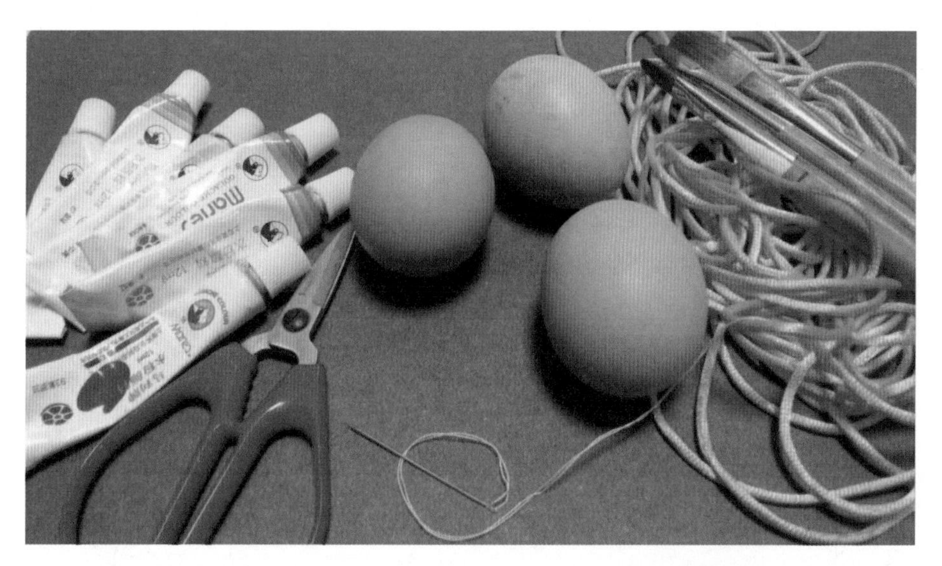

(1) 准备材料和工具：鸡蛋、针、绳子、剪刀、水粉颜料和画笔等

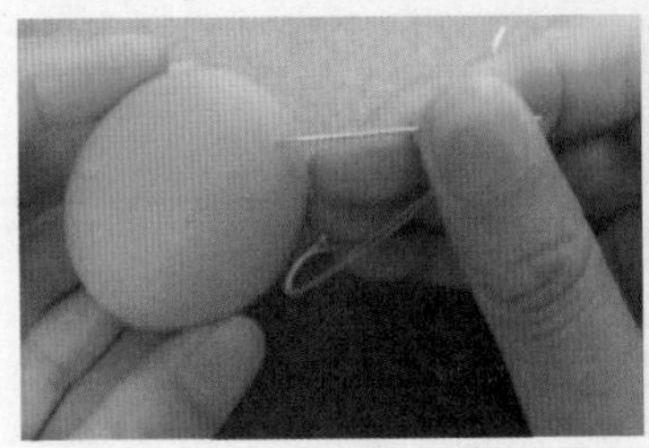
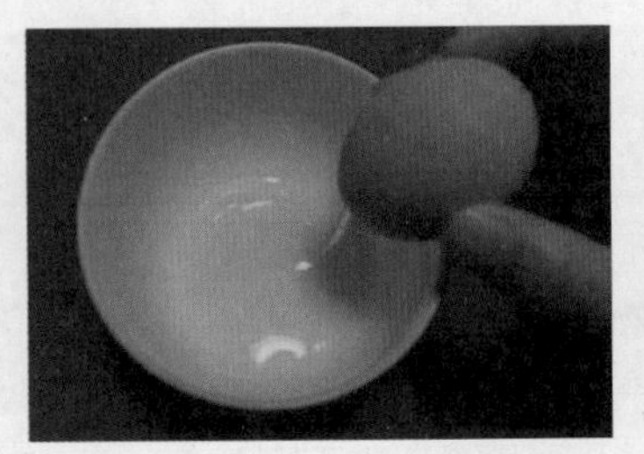

（2）用针将鸡蛋的两头挑一个小孔，用嘴吹出里面的蛋清和蛋黄，然后将蛋壳冲洗干净备用

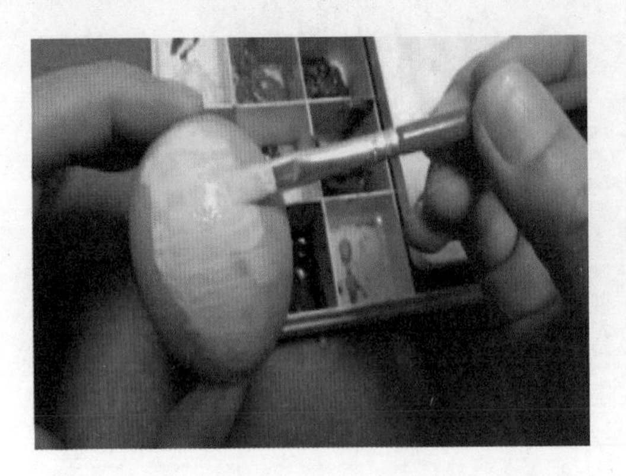

（3）在蛋壳上设计图案，用水粉色画出喜欢的图案，装饰蛋壳

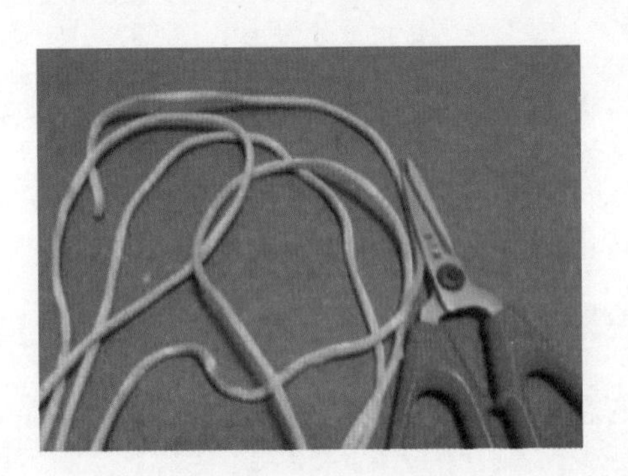

（4）用剪刀取一线段

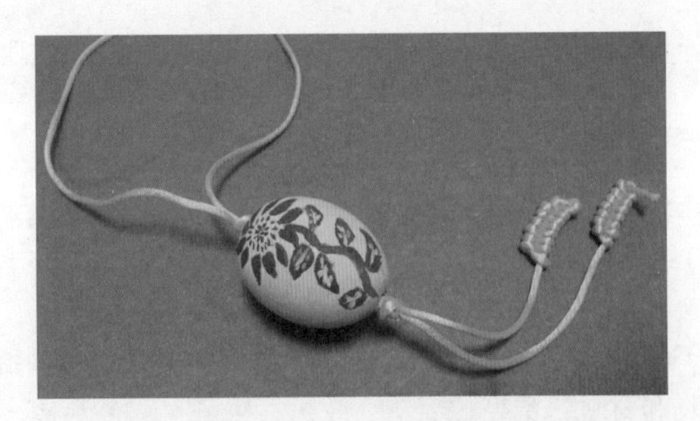

（5）用绳子穿过蛋壳两端的小孔，在蛋壳两端打结固定绳子，最后装饰挂线以孔雀结收尾，这样蛋壳的挂饰就做好了

任务四　乒乓球人物造型

学习目标

运用废旧的乒乓球为主要材料，设计人物的造型。通过剪、贴多种材料的组合设计，感受乒乓球再创造的艺术魅力，培养学生的想象力和审美情趣。

工具和材料：废旧的乒乓球、彩纸、布头、护套线、毛线、剪刀和双面胶等材料。

制作步骤

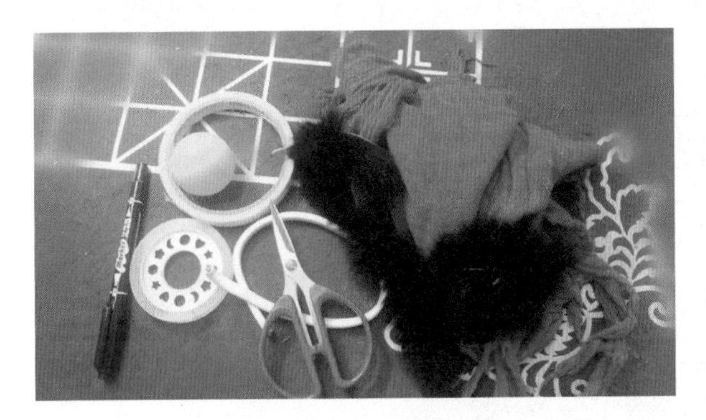

（1）准备废旧的乒乓球、布头、护套线和剪刀、双面胶、透明胶带等工具和材料

（2）取乒乓球白而圆的一面为正面，在下方用剪刀戳一个小孔

（3）将护套线插入乒乓球小孔，将护套线弯曲做成底座

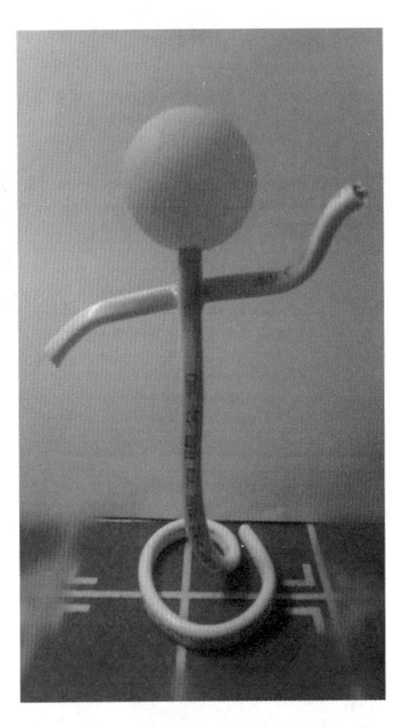

（4）取一段护套线用胶带绑在乒乓球的下方，这样手臂就做成了

（5）用废旧的布头做头发和衣服

（6）在乒乓球正面画上人物的五官，手臂的动态可以通过护套线弯曲而成，完成乒乓球人物造型

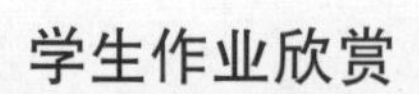

学生作业欣赏

任务五　废旧吸管手工制作

学习目标

(1)通过收集废旧的吸管制作生活中的物品,让学生巧妙运用吸管的粘贴和组合制作小房子和竹筏。
(2)通过剪、折、粘贴和组合设计小房子和竹筏的立体造型。
(3)培养学生在处理和利用废旧物品中获得乐趣,还可以发挥自己的想象力和创造力，利用吸管制作出更多的物品。

竹筏的制作

工具和材料：废旧吸管、剪刀、双面胶等。

制作步骤

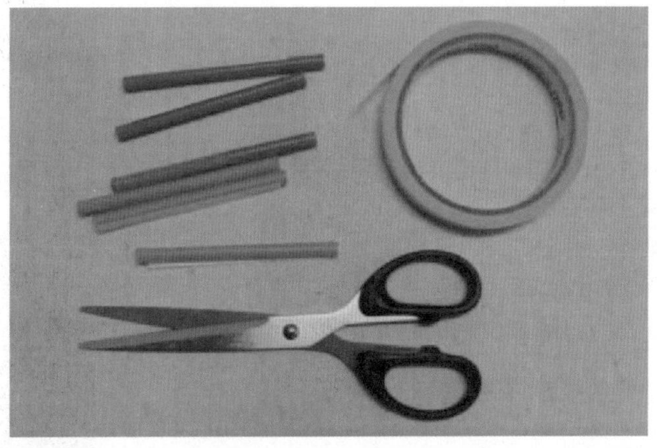

(1) 取2根吸管分别剪成3段

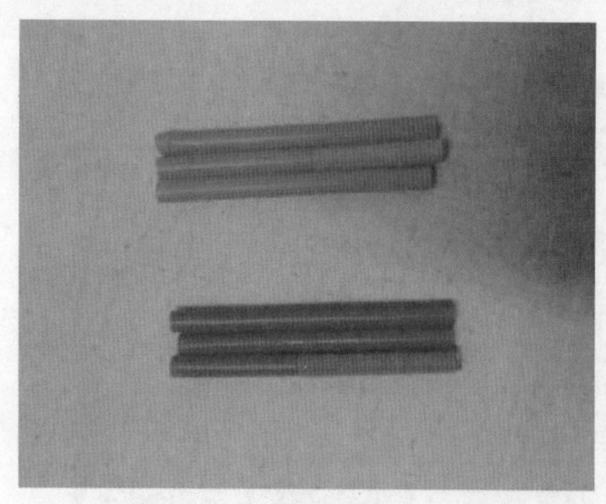

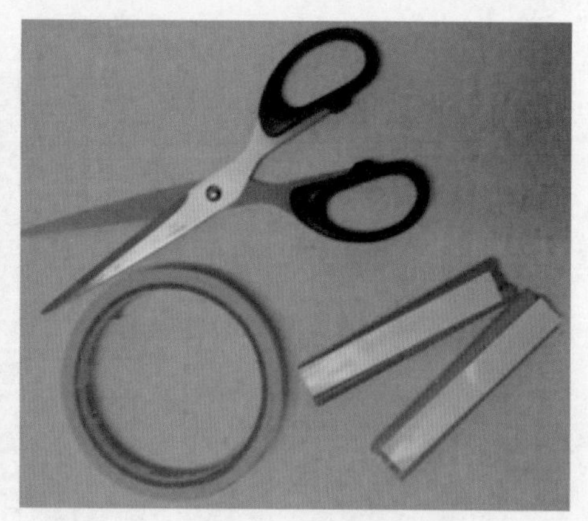

（2）将吸管分别粘贴

（3）取若干较长的吸管粘贴在两个组合的吸管上

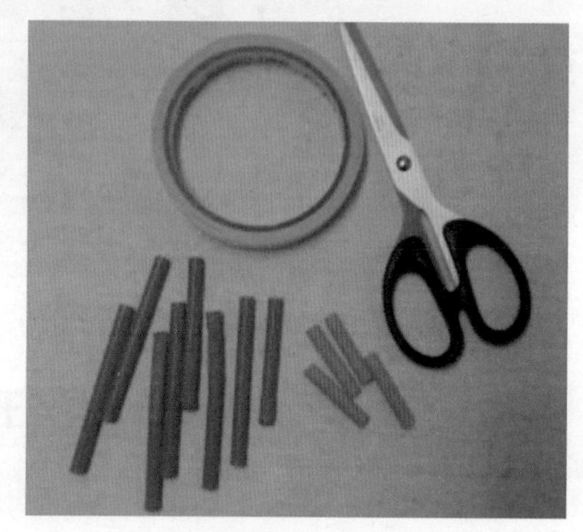

（4）取不同颜色的吸管剪成等长的小段

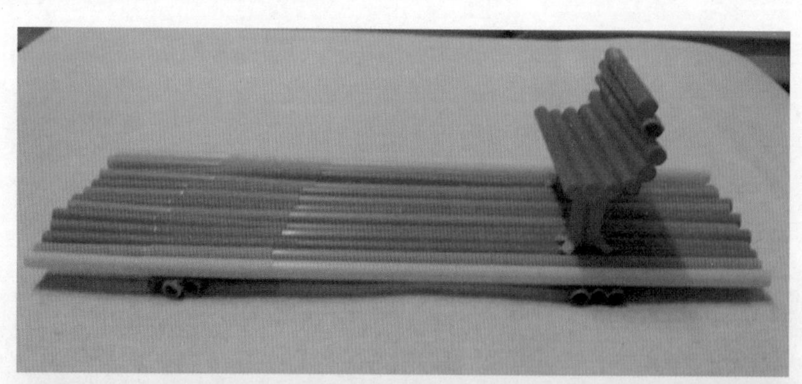

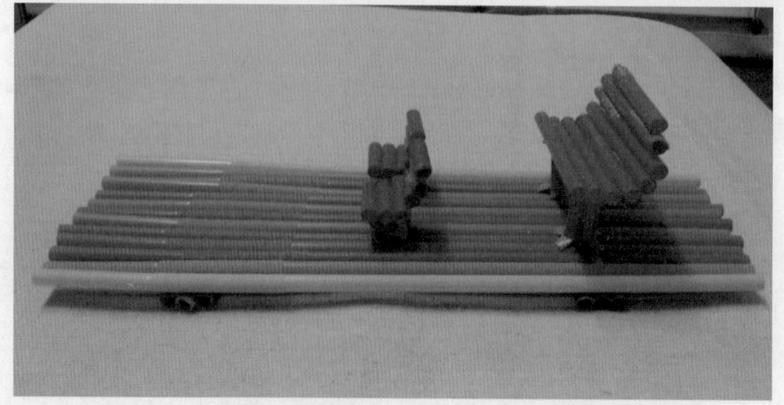

（5）将吸管粘贴组合成长椅固定在竹筏上

小房子的制作

工具和材料：废旧吸管、剪刀、卡纸、双面胶等。

制作步骤

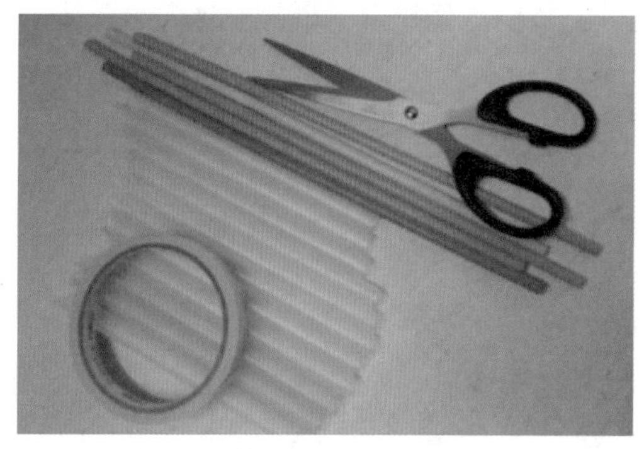

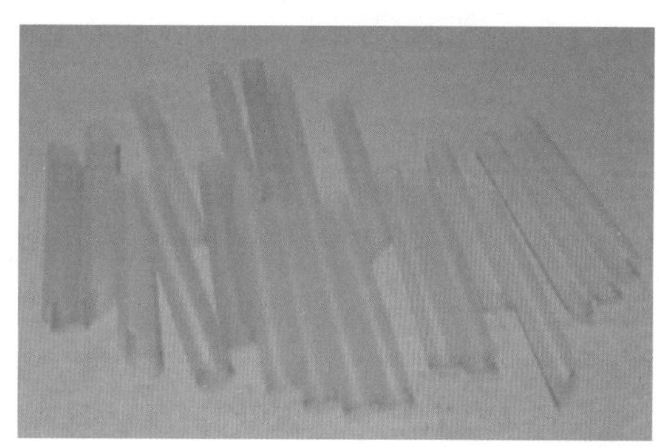

（1）将吸管剪成若干等长的小段

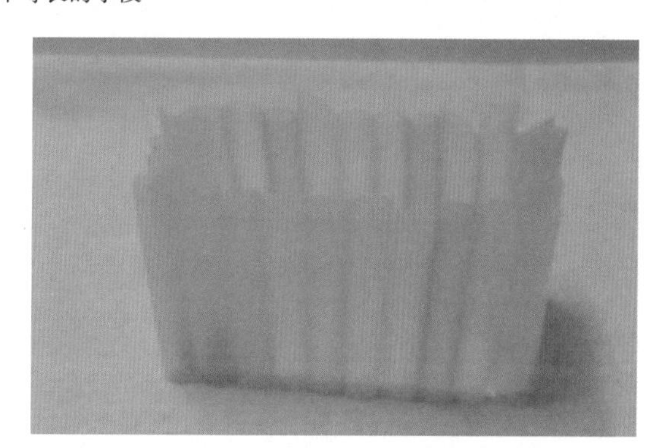

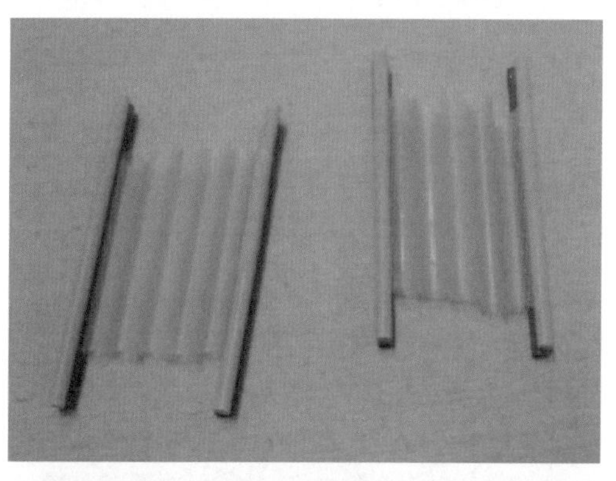

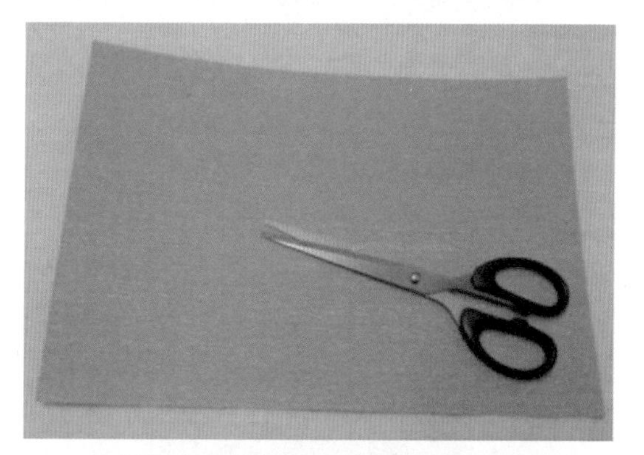

（2）将吸管粘贴在一起组合成方形，这是房子的墙体部分

任务六　纸杯艺术

学习目标

（1）通过收集废旧的纸杯制作生活中的物品，让学生巧妙运用纸杯的剪贴和组合制作植物、动物和人物的造型。

（2）通过剪、折、粘贴和组合设计向日葵的立体造型。

（3）培养学生在处理和利用废旧物品中获得乐趣，还可以发挥自己的想象力和创造力，利用纸杯制作出更多的物品。

向日葵的制作

工具和材料：废旧纸杯、水彩笔、油画棒、剪刀、双面胶等。

制作步骤

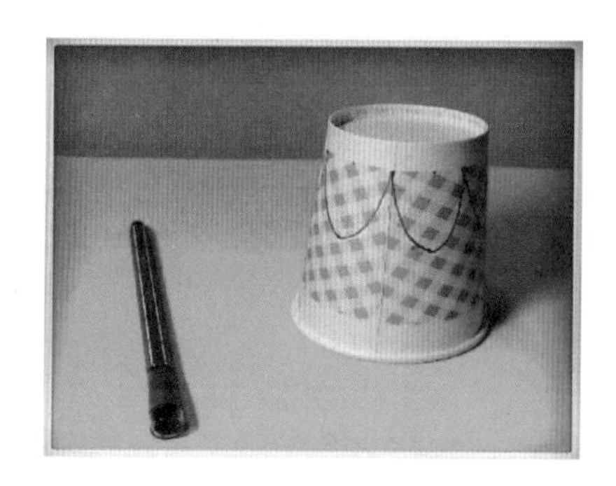

（1）在杯身画上花瓣的纹样

（2）沿着线条剪出花瓣的形态

（3）将花瓣向外翻卷成向日葵花的造型

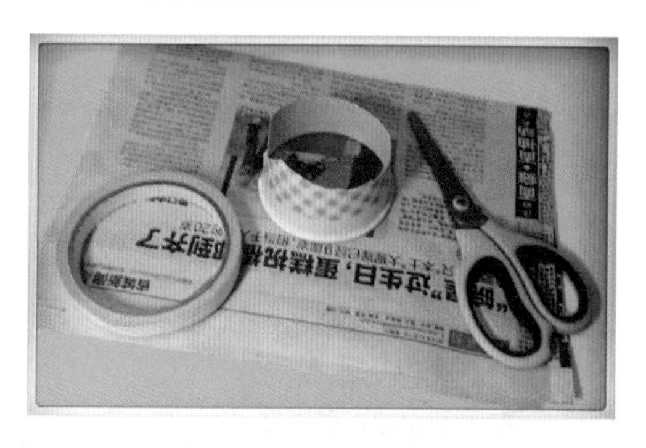

（4）准备旧报纸、剪下的纸杯部分、双面胶和剪刀等

（5）制作叶柄和叶子

（6）最后组合、粘贴成向日葵，并且用水彩笔和油画棒装饰

后　　记

值马年阳春三月，《手工》教材终于完稿。

本书既可作为中等职业学校社会文化艺术专业的教科用书，也可作为幼儿教师培训用书和手工制作爱好者的参考书。

本书的编写、出版是安庆市第一职教中心国家示范院校建设中“社会文化艺术专业”建设任务之一。前期编者在校“社会文化艺术专业建设指导委员会”的指导下，深入幼儿园、美术培训学校、青少年宫等用人单位进行调研，了解对本专业学生岗位能力的要求，制订出本教材建设方案。《手工》教材初稿定稿后，在校“社会文化艺术专业建设指导委员会”的指导下，进行完善和修订。同时也参考了相关专业书籍和有关网站的资料，在此一并表示诚挚的感谢！

本书是安庆市第一职教中心三位教师多年教学经验的总结。本书共分为五个项目，其中纸艺和中国结由杨娟老师编写，超轻粘土和百变小布头由龙磐老师编写，绪论和废旧物品再利用由鲍焱老师编写，最后由龙磐老师统稿。本书的学生作品均由安庆市第一职教中心社会文化艺术专业学生完成，由各项目编写老师指导。

由于时间较紧、经验有限，本书虽经几次修改，仍难免疏漏和不足，恳请广大读者和同行指正。

2014 年 4 月